Systematische Mehrlagen-Integration hybrider Hochfrequenzschaltungen

Vom Promotionsausschuss der
Technischen Universität Hamburg-Harburg
zur Erlangung des akademischen Grades
Doktor Ingenieur
genehmigte Dissertation

von
Torben Baras

aus Lübeck

2009

Bibliografische Information der Deutschen Nationalbibliothek
Die Deutsche Nationalbibliothek verzeichnet diese Publikation in der Deutschen Nationalbibliografie; detaillierte bibliografische Daten sind im Internet über http://dnb.d-nb.de abrufbar.

1. Aufl. - Göttingen: Cuvillier, 2010
Zugl.: (TU) Hamburg-Harburg (Univ.), Diss., 2009

978-3-86955-233-0

1. Gutachter: Prof. Dr.-Ing. Arne F. Jacob
2. Gutachter: Prof. Dr.-Ing. Lorenz-Peter Schmidt

Tag der mündlichen Prüfung: 16. Dezember 2009

Nonnenstieg 8, 37075 Göttingen
Telefon: 0551-54724-0
Telefax: 0551-54724-21
www.cuvillier.de

1. Auflage, 2010
Gedruckt auf säurefreiem Papier

978-3-86955-233-0

Vorwort

Das vorliegende Manuskript entstand aus meiner Zeit als wissenschaftlicher Angestellter am Institut für Hochfrequenztechnik der Technischen Universität Braunschweig im Jahre 2003 - 2004 sowie am Institut für Hochfrequenztechnik der Technischen Universität Hamburg-Harburg in den Jahren 2004 - 2008. Für die Möglichkeit, diese Tätigkeit aufzunehmen, möchte ich Herrn Prof. Dr.-Ing. Arne F. Jacob ganz besonders und herzlich danken. Er hat als Freund und Förderer meiner Arbeit hervorragende Randbedingungen gegeben. An die gemeinsame konstruktive und kreative Zeit am Institut blicke ich mit Freude zurück.
Weiterhin danke ich Herrn Prof. Dr.-Ing. Lorenz-Peter Schmidt für die freundliche Übernahme des Koreferats und die damit verbundene Arbeit sowie Herrn Prof. Dr.-Ing. Dr.-Ing E.h. Jan Luiken ter Haseborg für die Ausübung des Prüfungsvorsitzes. Allen Prüfern danke ich für den reibungslosen und angenehmen Ablauf der Prüfung.
Dem Deutschen Zentrum für Luft- und Raumfahrt, namentlich Herrn Dr. rer. nat. Siegfried Voigt, spreche ich meinen herzlichen Dank für die kontinuierliche Förderung und das Interesse an den Forschungsprojekten aus, die diese Ausarbeitung möglich machten.
Erwähnen möchte ich auch meine ehemaligen Studierenden Philip Birtel, Faisal Muhammad, Maria Corrales Hernandez, Johannes Müller, Lambok Opussunggu, Mohsen Sazegar, Bernd Bösch, Konstantinos Koumaras und Sascha Brosius. Ihr Engagement und die Ergebnisse ihrer Arbeiten haben mich nicht nur in der Durchführung der Projekte unterstützt, sondern auch die begleitenden Zusatzaktivitäten mit zum Erfolg geführt.
Für ein besonderes Arbeitsklima möchte ich auch gerne den freundlichen und kollegialen Umgang im Institut herausstreichen, hierfür ein herzliches Danke an alle ehemaligen Kolleginnen und Kollegen. Herrn Alexander Molke bin ich für die konstruktive Zusammenarbeit im Projekt und für die angenehme Zeit im gemeinsamen Büro sehr verbunden. Ihm sowie meinen ehemaligen Kollegen Dr.-Ing. Thorsten Sokoll und Dr.-Ing. Christian Meiners möchte ich auch besonders herzlich für die sorgfältige Durchsicht des Manuskripts und die Verbesserungsvorschläge danken. Für die einzigartige Hilfestellung in Labor und feinmechanischer Werkstatt richte ich meinen Dank an Frau Carmen Hajunga, Herrn Daniel Fischer und Herrn Werner Thun.
In ganz besonderem Maße hat mich meine Familie auf beiden Kontinenten Europa und Südamerika stets uneingeschränkt unterstützt. Über alles schätze ich die Förderung meiner lieben Eltern Hans und Renate, die mir das Studium der Elektrotechnik ermöglicht haben und damit den Grundstein für diese Promotion gelegt haben. Ein Ehrenplatz in dieser Danksagung gebührt zwei Menschen, die sich in ganz einzigartiger Weise verdient gemacht haben: Meine liebe Frau Paola und mein lieber Sohn Hendrik. Ich bin sehr froh und glücklich, dass wir uns haben.

Ulm, Dezember 2009 Torben Baras

Inhaltsverzeichnis

Einleitung und Zielsetzung 1

1 Elementare passive Strukturen 10
1.1 Material-Parameter und Simulationswerkzeuge 10
1.2 Elementare Strukturen 12
1.2.1 Vergrabenes Filter zur galvanischen Entkopplung 12
1.2.2 Vertikales Filter zur Gleichspannungsversorgung 15
1.2.3 Gedruckte Leitungsabschlüsse 22

2 Fertigungstoleranzen im Herstellungsprozess 26
2.1 Analysemethoden 26
2.1.1 Monte-Carlo-Analyse mit Feldsimulationen 26
2.1.2 Referenzmethode zur messtechnischen Bestimmung der Auflösung 30
2.2 Wiederholgenauigkeit innerhalb eines Prozesses 31
2.2.1 Planare Schaltung 31
2.2.2 Vergrabene Schaltung mit Materialeinschluss 36
2.2.3 Vertikale Schaltung 38
2.3 Wiederholgenauigkeit zwischen Prozessen 43
2.4 Fazit 44

3 Gehäuse und Schnittstellen 46
3.1 Gehäusetechnik 46
3.1.1 Bekannte Konzepte 46
3.1.2 Modulaufbau mit verbesserter Wärmeabfuhr 48
3.2 Schnittstelle zwischen Modul und Trägersubstrat 50
3.2.1 Land-Grid-Array (LGA) mit hoher Bandbreite 53
3.2.2 Ball-Grid-Array (BGA) 57
3.2.3 Thermomechanische Simulation 60
3.2.4 Messtechnische Verifikation des LGA 66

4 Integration von Komponenten 70
4.1 Mischer 70
4.1.1 Schaltungskonzept und Integrationsansatz 70
4.1.2 Ergebnisse 72
4.2 Verdreifacher 74
4.2.1 Schaltungskonzept und Integrationsansatz 75
4.2.2 Ergebnisse 77
4.3 Oszillator 80
4.3.1 Schaltungskonzept und Integrationsansatz 80

4.3.2 Vertikal integrierter Resonator 81
4.3.3 Temperaturkompensation 85
4.3.4 Ergebnisse 92

5 Integration von Subsystemen und Systemen **94**
5.1 Subsystem Frequenz-Synthesizer 94
5.1.1 Schaltungskonzept und Integrations-Ansatz 94
5.1.2 Ergebnisse 96
5.2 Systeme 97
5.2.1 Zwei-Seitenband-Konverter 97
5.2.2 Ein-Seitenband-Konverter 100

Zusammenfassung **104**

Literaturverzeichnis **107**

Einleitung und Zielsetzung

Kommunikation ist eine Sozialhandlung zwischen Lebewesen. Die Übersetzung des lateinischen Ausdrucks *communicare* bedeutet soviel wie "mitteilen" oder "teilnehmen lassen". Seit Teslas Erfindung der drahtlosen Telegraphie und Marconis erstem erfolgreichen Übertragungsexperiment über den Ärmelkanal gegen Ende des 19. Jahrhunderts hat die drahtlose Nachrichtenvermittlung dem Begriff der Kommunikation zwischen Menschen zunehmend eine neue, technische Prägung verliehen. Der Transport von an elektromagnetische Wellen gebundenen Informationen, der zunächst in der Übertragung einer einfachen Zeichenkette begann, liefert auch heutzutage noch die Grundlage für eine Vielzahl von komplexen Anwendungen, Systemen und Diensten.

Seit dem Einzug digitaler Systeme zur Datenverarbeitung und -speicherung ist das Aufkommen an zu übertragenden Informationen stark gestiegen, wobei in jüngster Zeit Bilddaten einen erheblichen Anteil ausmachen [1]. Die Erschließung höherer Trägerfrequenzen für drahtlose Kommunikationssysteme ist eine Konsequenz aus den für die Übertragung notwendig gewordenen Bandbreiten. Existierende Technologien müssen skaliert und weiterentwickelt oder es müssen gar neue entwickelt werden, um den steigenden Anforderungen an Baugruppen in Empfangs- und Sendesystemen gerecht zu werden. Davon sind auch die Gehäuse-, Aufbau- und Verbindungstechnik im unteren Millimeterwellenbereich betroffen.

Ein weiterer Trend ist der vermehrte Einsatz von mobilen Applikationen, welche den Empfang und das Versenden von Informationen an nahezu jedem Ort ermöglichen sollen. Die Eignung einer Komponente für den mobilen Einsatz verbessert sich durch deren Miniaturisierung, da nicht nur eine Reduzierung der Abmessungen und des Gewichts, sondern vor allem auch der Leistungsaufnahme erfolgt.

Integration

Um Funksysteme herzustellen, werden aktive Schaltungsteile häufig auf passiven Substratmaterialien aufgebracht. Für den aktiven Teil ist die monolithische Integration in Siliziumtechnik oder besonders bei hochfrequenten Anwendungen in der Verbundhalbleitertechnik Gallium-Arsenid weit verbreitet. Je nach Anwendung ist abzuwägen, wie viel Funktionalität bereits im Chip vorhanden ist oder erst im Substratmaterial realisiert wird. Bedingt durch die hohe Strukturauflösung können besonders kompakte Schaltungen auf dem Chip realisiert werden, die dann allerdings in ihrer Funktion festgelegt sind (siehe dazu Abbildung A).

Für Schaltungen, die in großen Mengen hergestellt werden, ist der Ansatz der hohen Integrationsdichte im Halbleiter nicht nur aus technischer Sicht sinnvoll, da die so gewonnenen Blöcke mit hoher Funktionalität die Synthese des Systems vereinfachen. Auch aus

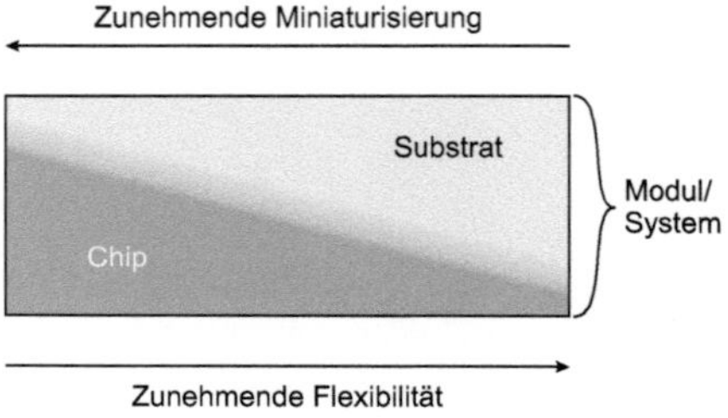

Abbildung A – Zusammenhang zwischen Flexibilität und Dichte im Integrationsprozess.

ökonomischer Sicht gibt es Vorteile durch die schnelle Amortisation der Entwicklungskosten. Bedingt durch die hohen Initialkosten der Halbleiterprozesse finden bei kleinen bis mittleren Stückzahlen jedoch auch hybride Ansätze Anwendung. Diese sind dadurch charakterisiert, dass zum Teil diskrete Halbleiter auf einem Trägermaterial aufgebracht werden, das passive Schaltungselemente beherbergt. Das Trägermaterial kann durch niedrigere Initialkosten leichter und kostengünstiger an wechselnde Anforderungen angepasst werden. Hybride Baugruppen dieser Art werden auch als Modul bezeichnet. Je nach Komplexität können auch mehrere Chips auf einem gemeinsamen Träger untergebracht sein. Aus dem englischen Sprachraum ist für diese Anordnung der Begriff *Multi-Chip-Module* (MCM) bekannt. Als Trägermaterial stehen für diesen Zweck verschiedene Technologien zur Verfügung, die in drei Klassen unterteilt werden [2] (siehe Abbildung B). Bei

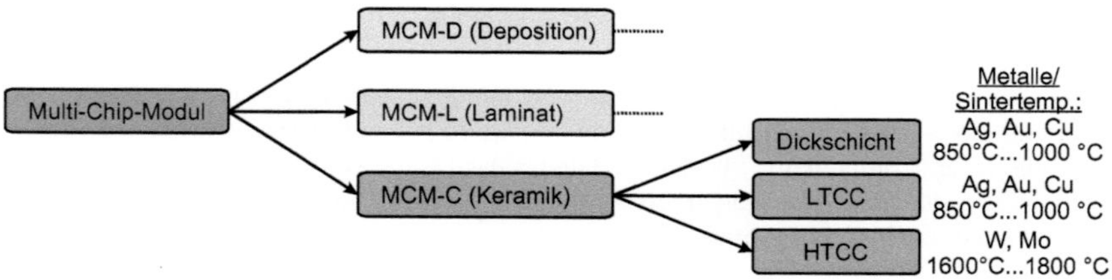

Abbildung B – Hierarchie der Multi-Chip-Modul Integrationstechniken nach [2].

der *MCM-Deposition* Technologie werden Schichten aus Isolatoren und Leitern in mehreren Ebenen aufgebracht bzw. abgeschieden, um komplexe Verbindungsstrukturen zu erzeugen. Die *MCM-Laminate* Technologie wird als erweiterte Leiterplattentechnologie angesehen, bei der mehrere Lagen aus strukturierten Platten verpresst werden. Die dritte Technologieklasse umfasst die Keramiken, *MCM-Ceramics*. Sie basiert auf organischen Folien, die mit keramischen Materialien gefüllt sind und durch Strukturieren, Laminieren und Sintern zu komplexen Trägern gefügt werden.

Diese letzte Klasse untergliedert sich in drei weitere Kategorien, die unter den Bezeichnungen Dickschichttechnologie, Niedrigtemperatur-sinternde Keramiken (engl. *LTCC - low temperature co-fired ceramics*) und Hochtemperatur-sinternde Keramiken (engl. *HTCC - high temperature co-fired ceramics)* bekannt sind. Die LTCC-Technologie vereint die Vorteile der Dickschichttechnik, d.h. den Einsatz von Metallen mit hoher Leitfähigkeit, mit den Vorzügen der HTCC-Technologie. Letztere zeichnet sich unter anderem durch hohe Auflösungen, gestanzte Durchkontaktierungen sowie geringe Oberflächenrauhigkeit in einem einzigen Brennvorgang aus [2].

LTCC - low temperature co-fired ceramics

Durch Anwendung der LTCC-Technologie, welche Anfang der 1980er Jahre entwickelt wurde [3,4], sind elektronische Schaltungen in den vergangenen zwei Jahrzehnten erheblich miniaturisiert worden. Derzeit werden viele verschiedene Substratsysteme kommerziell vermarktet. Eine Übersicht gängiger Produkte findet sich in Tabelle A.

Parameter	DuPont 951	DuPont 943	Heraeus CT2000	Ferro A6S	ESL 41020-70C
Elektrisch					
ε_r'	7,85	7,5	9,1	5,9	7-8
$\tan\delta$	0,0045	0,001	<0,002	<0,002	0,005
bei Frequenz	3 GHz	3 GHz	2,5 GHz	1-2 GHz	1 MHz
Mechanisch					
Substrathöhe [µm]	43(50)	46(51)	20(25)	94(129)	43(52)
gebrannt	97(114)	114(127)	40(50)	188(257)	
(ungebrannt)	140(165)	228(254)	77(102)		
	216(254)		102(127)		
			200(250)		
Schrumpfung X,Y [%]	12,7±0,3	9,5±0,3	11,5	14,8±0,2	15,0±0,5
Schrumpfung Z [%]	15,0±0,5	10,3±0,3	14,0	27,0±0,5	17,0
Thermisch					
Leitfähigkeit [W/m·K]	3,0	4,4	4,3	2,0	2,5
Ausd. Koeff.[ppm/K]	5,8	4,5	8,5	9,0	7,4
Integration					
R oberfl./vergraben	✓/✓			✓	✓/✓
C vergraben	✓			✓	✓
Fotostrukt.	✓		✓(Silber)		✓
Ätzen	✓		✓(Gold)		

Tabelle A – Übersicht kommerzieller LTCC Systeme nach [2, 5–8].

Die relative Permittivität der Materialien liegt im Bereich zwischen $\varepsilon_r' = 5{,}9$ und 9,1 und ist damit zwei- bis dreimal höher als bei organischen Leiterplattenmaterialien. Zugleich wird ein geringer Verlustwinkel erreicht. Für die unterschiedlichen Anwendungen ist eine hohe Anzahl verschiedener Substrathöhen verfügbar, die im gebrannten Zustand typischerweise zwischen 43 µm und 228 µm betragen.

Das Grundmaterial des Systems *DuPont 951*, welches im Rahmen dieser Arbeit durchweg Anwendung finden wird, besteht im ungebrannten Zustand aus einem organischen Binder sowie Glas-keramischen Verbindungen, wie zum Beispiel Aluminiumoxyd (Al_2O_3), rekristallisiertem Glas (SiO_2), Boroxyd (B_2O_3) und Bleioxyd (PbO) mit einem geringfügigen

Anteil weiterer Verbindungen [9, 10]. Beim Ausbrennen des Binders bei etwa 500°C und Verdichten der Keramik bei etwa 900°C tritt bei kommerziellen LTCC-Prozessen in wenigstens einer Achse eine ausgeprägte Schrumpfung auf, die bei der Herstellung durch Skalierung der Entwurfsdaten berücksichtigt werden muss.

Eine Einschränkung für Leistungsapplikationen stellt die moderate thermische Leitfähigkeit dar. Sie ist etwa um den Faktor 8-10 geringer als bei reinem Aluminiumoxyd, jedoch wenigstens 10 mal höher als bei organischen Leiterplatten. Der Koeffizient der thermischen Ausdehnung ist dem von Gallium-Arsenid und Silizium ähnlich. Aus diesem Grund bieten keramische Materialien günstige Voraussetzungen für mechanisch zuverlässige Aufbauten.

Eine Besonderheit der LTCC-Herstellung ist die Strukturierung der metallischen Schichten. Im Gegensatz zur Leiterkartenherstellung mit Ätz-Galvanik werden bei der Prozessierung der Mehrlagen-Keramik Pasten verarbeitet. Diese können zum Beispiel mit Metallpartikeln gefüllt sein, um im Siebdruckverfahren die Leiterbahnen auf die Oberfläche der ungebrannten Folie aufzubringen. Zudem können sehr feine Leiterbreiten mit Hilfe der Fotostrukturierung und anschließendem Ätzprozess realisiert werden. Das Materialsystem *951* der Firma *DuPont* ist nicht nur durch diese Möglichkeiten, sondern auch durch eine Vielzahl von verfügbaren Pasten charakterisiert. Dadurch können erst wichtige Komponenten zur Miniaturisierung wie gedruckte Widerstände und integrierte Kondensatoren mit Dielektrika hoher Permittivität implementiert werden. Bedingt durch Rauigkeiten der keramischen Folien und der gedruckten Metallisierung ist die LTCC durch höhere Leiterverluste charakterisiert, als eine Dünnschicht-Keramik mit polierter Oberfläche. Diese Eigenschaft kann sich für Anwendungen ins besondere im Millimeterwellen-Bereich einschränkend auswirken.

Die LTCC-Technologie in der Mikrowellentechnik

Die LTCC-Technologie fand neben dem Einsatz im Automobil-Sektor und der Medizintechnik ihre ersten Anwendungen in der militärischen Mikrowellentechnik [11] und Satellitenkommunikation der 1990er Jahre, wie in Abbildung C gezeigt ist [1]. Dazu zählen *MCM-C*-integrierte Sende- und Empfängerschaltungen im *X*- und *Ka*-Band [12–15] sowie die Entwicklung der dazugehörigen passiven Strukturen wie Koppler [16, 17] und Filter [18]. In diesem Marktsegment ist über die erfassten Jahre eine Konstanz festzustellen, die für ein stetiges Interesse am Einsatz der LTCC in kostenintensiven Applikationen mit geringen Stückzahlen spricht.

Seit Ende der 1990er Jahre ist ein sprunghafter Anstieg im Bereich der zivilen Mobiltelekommunikation zu verzeichnen. Damit verbunden sind anfangs noch hybrid integrierte Komponenten wie Verstärker [19–21], im weiteren Verlauf dann hoch-integrierte Module, die die Kommunikation mit multiplen Kommunikationsstandards und -frequenzen

[1] Die Informationen hierzu sind aus über 150 Publikationen internationaler Konferenzen sowie Journalen des amerikanischen Ingenieursverbandes *IEEE* erstellt worden. Die Statistik erhebt keinen Anspruch auf Vollständigkeit, spiegelt jedoch aufgrund der Kontinuität der verfügbaren Datensätze die Entwicklung in den Grundzügen wider.

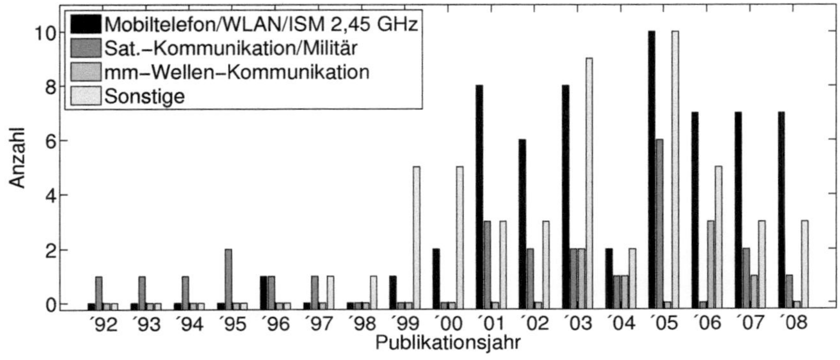

Abbildung C – Publikationsstatistik zum Thema LTCC für Mikrowellenanwendungen im Zeitraum 1992 - 2008 nach Anwendungsgebieten.

ermöglichen [22–24]. Der gleichen Gruppe in der Statistik sind auch Anwendungen der drahtlosen Computernetzwerke wie etwa WLAN (engl. *Wireless Local Area Network*) oder Funkverbindungen im lizenzfreien Frequenzband bei 2,45 GHz zugeordnet, da diese Endgeräte und Terminals bei ähnlichen Frequenzen wie die der Mobiltelefonie arbeiten. Auch hier fällt die Wahl aufgrund der Möglichkeiten zur Miniaturisierung von Sende- und Empfangsschaltungen auf die *MCM-C*/LTCC-Technologie (zum Beispiel [25–29]).

Ein neuer Entwicklungstrend ist im Zeitraum der letzten fünf Jahre deutlich erkennbar. So geben einige Autoren in ihren Forschungsarbeiten explizit die Millimeterwellenkommunikation bei 40 GHz [30] und bei 60 GHz [31–34] als Applikation an. Insbesondere das 60 GHz-Band ist aufgrund der hohen atmosphärischen Dämpfung von 14,9 dB/km [35] und der damit verbundenen Möglichkeit einer hohen räumlichen Dichte von Funkstrecken interessant. Weitere Anwendungen im Millimeterwellen-Bereich sind Module für faseroptische Übertragungssysteme bei Datenraten von bis zu 40Gb/s [36].

Um den Stand der Technik genau zu erfassen, ist nicht nur die Darstellung nach Anwendungsgebieten und Branchen, sondern auch nach den involvierten Betriebsfrequenzen wie in Abbildung D notwendig. Jedes Symbol bezeichnet hier die höchste, sinnvoll nutzbare Frequenz der Schaltung und repräsentiert eine Publikation. Es wird in fünf Kategorien unterschieden, die im Folgenden mit Beispielen erläutert werden.

Komponenten

Die hier zusammengefassten Publikationen behandeln die Entwicklung passiv integrierter Komponenten wie Verstärker, Mischer und Oszillatoren. Sie sind dadurch gekennzeichnet, dass in der Schaltung nach Möglichkeit ausschließlich diskrete aktive Elemente verwendet werden. Sämtliche passiven Funktionen wie Anpass- und Speisenetzwerke

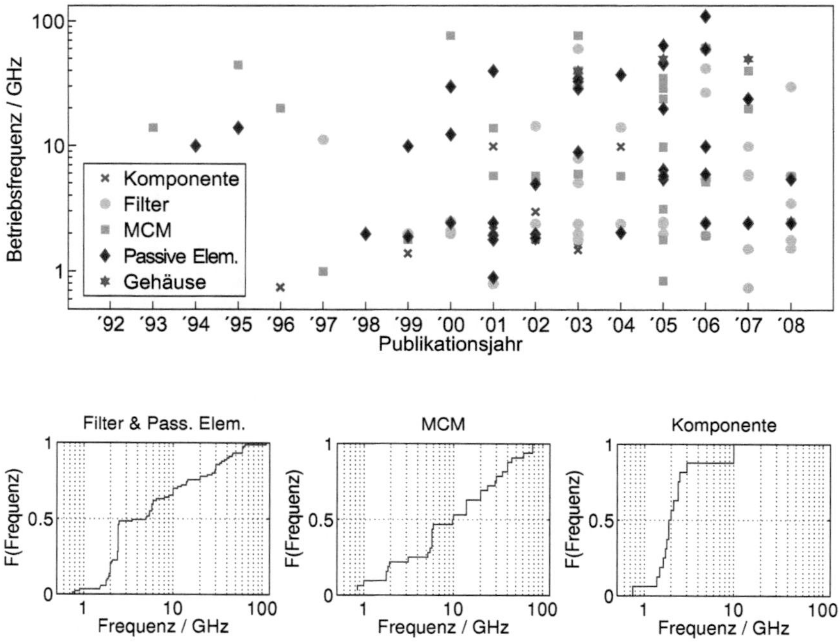

Abbildung D – Publikationsstatistik zum Thema LTCC für Mikrowellenanwendungen im Zeitraum 1992 - 2008 nach höchsten Betriebsfrequenzen mit kumulativen Verteilungsdichtefunktionen F(Frequenz).

sind in der Keramik realisiert. Bei Frequenzen von weniger als 3 GHz wurde unter anderem von einer Reihe passiv integrierter Verstärker berichtet [21, 37–40]. Als weitere Schlüsselkomponenten finden sich auch passiv integrierte Mischer [41, 42] sowie Oszillatoren [43–45]. Darüber hinaus sind Mischer bis 14 GHz [46] und Verstärker bis 11 GHz [47] veröffentlicht worden.

Filter

Diese Gruppe umfasst alle Formen der elektronischen Filter aus konzentrierten Elementen, verteilten Strukturen und Substrat-integrierten Wellenleitern. Der Entwurf von Filtern im LTCC-Substrat findet bei Frequenzen unterhalb von 10 GHz fast ausschließlich auf Basis von konzentrierten Elementen statt, wie zum Beispiel in [48–53] geschildert. Die hierzu notwendigen Kapazitäten und Induktivitäten werden in der Mehrlagen-Keramik effizient durch parallele Plattenanordnungen bzw. spiralförmige Leiter implementiert. Oberhalb von 10 GHz sind parasitäre Kopplungen schwerer beherrschbar, weshalb hier Filter aus planaren Resonatoren bis 60 GHz [54, 55] oder vergrabenen, zum Teil geschirmten Resonatoren bei Mittenfrequenzen von 25 GHz - 60 GHz [56–61] entworfen werden. Durch den Einsatz vergrabener Durchkontaktierungen (Vias) können Filter bei Millimeterwellen-Frequenzen auch aus Substrat-integrierten Wellenleitern [62, 63] aufgebaut werden.

Modul/MCM

Diese Gruppe enthält Publikationen, in denen Lösungen mit LTCC als Trägersubstrat für ein oder mehrere integrierte Halbleiterschaltungen eingesetzt wird. In dieser Kategorie finden sich neben integrierten Modulen unterhalb von 6 GHz, wie sie unter anderem in [64, 65] präsentiert werden, auch Lösungen für höhere Frequenzen. So wurden Module in [66] bei 14 GHz, in [67] bis 40 GHz und in [68, 69] bis 60 GHz erörtert, die auf monolithisch integrierte Halbleiterschaltungen zurückgreifen.

Passive Elemente

Sämtliche passive Strukturen, die nicht explizit eine Filterfunktion innehaben, sind in dieser Gruppe aufgeführt. Hier existiert unterhalb von 10 GHz eine Reihe von Lösungen für Symmetrieübertrager [70–73], Koppler und Teiler [74–76] sowie Antennen [77–79]. Oberhalb von 10 GHz finden sich dagegen zunehmend Arbeiten an Übergängen zwischen LTCC-Substrat und Halbleitern [80] bzw. Hohlleitern [81] und auch Übergänge innerhalb der keramischen Mehrlagenstruktur [80, 82–84]. Weiterhin sind Abhandlungen über Integrationstechniken von LTCC-basierten Resonatoren zu finden [85, 86].

Gehäuse

In dieser Kategorie sind Gehäusekonzepte zusammengefasst. Es sind auf diesem Gebiet vergleichsweise wenige Publikationen vorzufinden, die jedoch allesamt Frequenzen bis in den Millimeterwellenbereich bis 40 GHz [87, 88] bzw. 50 GHz [89] betrachten.

Ziel der Arbeit

Aus der Auswertung der verfügbaren Literatur wird ersichtlich, dass Lösungen für Multi-Chip-Module und passive Strukturen wie Filter und Übergänge bis hin zu Millimeterwellen-Frequenzen existieren. Hingegen sind Komponenten, die aus diskreten aktiven Elementen bestehen und deren passive Strukturen ausschließlich in der Mehrlagenkeramik realisiert werden, bislang vornehmlich bis zu Frequenzen von 3 GHz aufgezeigt worden. Es sind einige Ansätze vorhanden, die die Möglichkeiten der vollständigen passiven Integration bis etwa 11 GHz aufzeigen. Bislang fehlt jedoch eine geschlossene Ausarbeitung mit einer Umsetzung von der elementaren passiven Struktur bis hin zu einem komplexen Kommunikationssystem im Bereich oberhalb von 10 GHz.

Um einen Beitrag zum Schließen dieser Lücke zu liefern, wird in dieser Arbeit ein geschlossener und systematischer Ansatz vorgestellt. Dazu sind folgende Kernpunkte zu beweisen:

1. Durch Anwendung einer hochentwickelten Prozesstechnologie können Komponenten mit einem hohen Anteil an passiven Strukturen systematisch, platzsparend und reproduzierbar realisiert werden. Die Betriebsfrequenzen übersteigen die der bislang bekannt gewordenen Ansätze um ein Vielfaches.
2. Die als Grundlage zur Verfügung stehende LTCC-Technologie erlaubt eine effiziente Gehäusetechnologie, die mit industriellen Löttechniken der Oberflächenmontage bestückbar ist und mit der ein zuverlässiger Betrieb bis in den Millimeterwellenbereich möglich ist.
3. Einzelne passiv integrierte Komponenten können innerhalb des keramischen Substrates zu kompakten Subsystemen und Systemen mit hoher Komplexität zusammengefasst werden.

Die hierarchische Darstellung in Abbildung E verdeutlicht die Organisation dieser Arbeit und die damit verbundene Beweisführung zu den Kernaussagen.

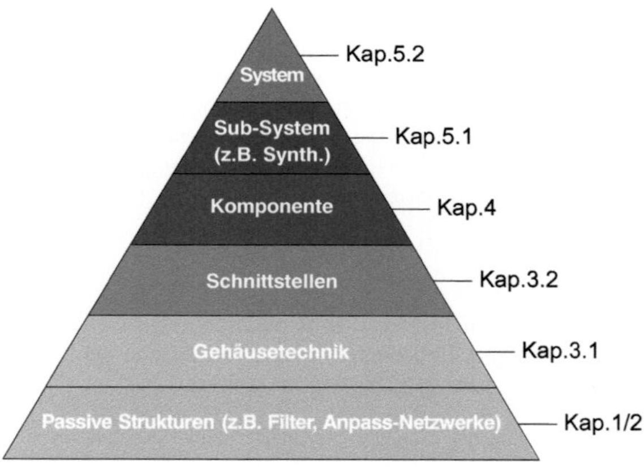

Abbildung E – Hierarchie von den elementaren Schaltungsfunktionen zum System.

In Kapitel 1 wird zunächst auf die elementaren passiven Strukturen eingegangen, deren Entwurfsmethoden und Reproduzierbarkeit dargestellt bzw. in Kapitel 2 nachgewiesen werden. In Kapitel 3.1 wird ein geeignetes Gehäusekonzept vorgestellt, welches die passiven Strukturen beherbergt. Aus der Gehäuse-Topologie leitet sich die Schnittstelle zum Trägersubstrat ab, die in Kapitel 3.2 eingehen behandelt wird. Diese erste drei Ebenen bilden die Grundlage für drei exemplarische Komponenten, die in Kapitel 4 analysiert werden. In Kapitel 5 wird eine dieser Schaltungen systematisch zu einem hochintegrierten Subsystem erweitert. Abschließend werden die Integrationsmöglichkeiten anhand zweier Miniatursysteme aufgezeigt, die sich aus einem Subsystem und Komponenten zusammensetzen.

Die zur Erläuterung herangezogenen exemplarischen Schaltungen und Ergebnisse dieser Ausarbeitung enstammen dem Projekt *KERAMIS* - Keramische Mikrowellenschaltungen für die Satellitenkommunikation[2]. Die Projektkoordination oblag hierbei dem Deutschen Zentrum für Luft- und Raumfahrt - DLR in Bonn-Oberkassel, das dieses und andere Projekte unter dem Aspekt der Weiterentwicklung von Raumfahrtelektronik fördert. Aus diesem Grunde sind einige der im weiteren Verlauf erarbeiteten Schaltungen für Frequenzbänder zukünftiger Satellitenkommunikation im K/Ka-Band bei 20 GHz und 30 GHz ausgelegt. Diese exemplarischen Betriebsfrequenzen schränken die generelle Systematik des Ansatzes jedoch nicht ein. Vielmehr sind sie als Nachweise der Eignung zu verstehen und auf andere Einsatzgebiete durchaus übertragbar.

[2]Die dazugehörigen Vorhaben wurden unter den Förderkennzeichen 50 YB 0314 vom Oktober 2003 bis September 2006 bzw. 50 YB 0623 vom Oktober 2006 bis heute (voraussichtliches Ende: März 2011) vom Bundesministerium für Wirtschaft und Technologie (vormals Bundesministerium für Bildung und Forschung) gefördert.

1 Elementare passive Strukturen

Um aktive Schaltungen mit diskreten Bauelementen in hybrider Aufbautechnik zu entwerfen, sind passive Elemente erforderlich, die Basisfunktionen erfüllen und sich in vielen Schaltungen wiederholen können. Wenn die Prototypen der Basisfunktionen über einen gewissen Frequenzbereich skalierbar sind, so kann von einer Bibliothek gesprochen werden. Bibliotheken im LTCC-Substrat sind im Frequenzbereich bis 4 GHz [90, 91] bekannt und beinhalten Kondensatoren aus geschichteten Platten sowie Spulen aus spiralförmigen Leiterbahnen. Sie sind in diesem Frequenzbereich zum Entwurf kompakter Filter auf der Grundlage von konzentrierten Elementen geeignet.

LTCC-Bibliotheken im Bereich oberhalb von 10 GHz sind bislang nicht publiziert worden und werden deshalb in diesem Kapitel vorgestellt. Zum sicheren Entwurf wird zunächst die relative Permittivität des Substratmaterials messtechnisch ermittelt. Anschließend werden drei Schaltungen präsentiert, welche die Lücke bis in den Millimeterwellen-Bereich schließen.

1.1 Material-Parameter und Simulationswerkzeuge

Die in dieser Arbeit angewendeten Simulationsprogramme sind *ADS Momentum/Agilent Technologies* [92], *HFSS/Ansoft Corporation* [93] und *Microwave Studio/CST GmbH* [94]. Planare Strukturen werden hier vorzugsweise in *Momentum* berechnet. Für Berechnungen vertikaler Geometrien sind hingegen dreidimensionale Feldsimulationen vorteilhaft. Für Strukturen mit hoher Bandbreite bzw. moderaten Güten kommt der Zeitbereichslöser von *Microwave Studio* zum Einsatz. Für schmalbandige Probleme oder Strukturen mit langen Zeitkonstanten wird auf den Frequenzbereichslöser von *HFSS* zurückgegriffen.

Damit Hochfrequenzschaltungen sicher entworfen werden können und eine gute Vorhersage durch Simulationswerkzeuge möglich ist, müssen der Realteil der relativen Permittivität und der Verlustwinkel des Substratmaterials bekannt sein. Diese elektrischen Parameter werden von den Herstellern der Materialien oft bei wenigen MHz extrahiert. Diese Methode liefert jedoch Werte, die sich deutlich von den Parametern im Mikrowellenbereich unterscheiden können [95]. Um die spezifischen Werte des Substrates zu ermitteln, wurden in der Vergangenheit verschiedene LTCC-Systeme für Frequenzen von bis zu 40 GHz charakterisiert [96–98]. Damit auch stark nichtlineare Schaltungen bei 20 GHz hinreichend genau berechnet werden können, ist auch die zweite Oberwelle bei 60 GHz zu berücksichtigen.

In [99] werden Messungen im W-Band für das System *943* von *DuPont* präsentiert. Das Substratsystem *951* ist vom gleichen Hersteller mit ε_r'=7,82 und tanδ=0,006 bei 3 GHz spezifiziert. Oberhalb von 40 GHz sind hierzu jedoch keine Informationen verfügbar. Um den Realteil der Permittivität über einen weiten Frequenzbereich zu bestimmen und die Simulationsprogramme zu verifizieren, wird ein Resonator in Streifenleitungstechnik bis 67 GHz untersucht.

Die Struktur ist in Abbildung 1.1(a) gezeigt. Diese Art Ringresonator wurde in [100] zur

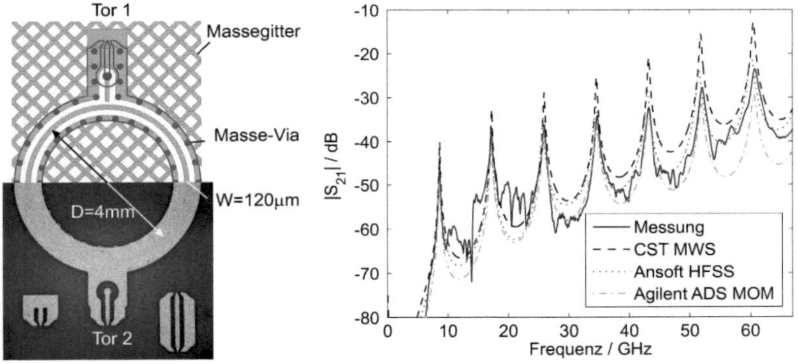

(a) Geometrie (b) Transmissionsmessung

Abbildung 1.1 – Ringresonator in Streifenleitungstechnik zur Ermittlung des Realteils der Permittivität.

Substratcharakterisierung erstmals vorgeschlagen und findet in der Fachliteratur Anwendung, so zum Beispiel in [101, 102]. Der Ring verfügt über Resonanzen bei Frequenzen, für welche der Umfang eine Wellenlänge oder ein ganzzahliges Vielfaches davon beträgt. Einige Entwurfsparameter sind in [103] zusammengefasst. So sollte die Transmission in der Resonanz einen Wert von -20 dB nicht überschreiten, damit der Resonator durch die Ankopplung nicht zu stark verstimmt wird. In der hier gezeigten Ausführung befindet sich die Ringstruktur zwischen zwei Massemetallisierungen, die durch innere und äußere Via-Zäune miteinander verbunden sind. Die Ankopplung erfolgt über zwei sich gegenüberliegende kapazitive Spalte. Die anregenden Leitungen sind mittels vertikaler Übergänge an die Oberfläche geführt, um die Struktur zu kontaktieren.

Abbildung 1.1(b) zeigt die gemessene und simulierte Übertragungsfunktion eines Resonators mit einem Durchmesser von D=4 mm. Als Parameter werden der Simulation ε_r'=7,6 und tanδ=0,003 zu Grunde gelegt. Als effektive Leitfähigkeit für Gold wird σ=2,2·10^7 S/m angenommen, um Verluste durch Rauigkeit einzubeziehen. Aus der Abbildung geht hervor, dass die Resonanzfrequenzen in Simulation und Messung übereinstimmen, es jedoch Abweichungen in der Amplitude gibt. So ergibt die Berechnung mit *Microwave Studio* eine etwas höhere Übertragung, während hingegen *Momentum* eine etwas geringere Transmission vorhersagt. Letzteres wird auf die nicht berücksichtigte Schirmung durch die inneren und äußeren Masse-Vias zurückgeführt, die ebenso wie die vertikalen Übergänge nicht in der Simulation mit einbezogen sind.

Für eine Streifenleitung, bei welcher sich alle Felder im Substrat konzentrieren, kann aus den Resonanzfrequenzen der Transmission und dem mittleren Durchmesser des Ringes direkt auf die relative Permittivität geschlossen werden. Es ergeben sich diskrete Werte, wie in Abbildung 1.2 gezeigt ist. Aufgrund des relativ geringen Durchmessers der

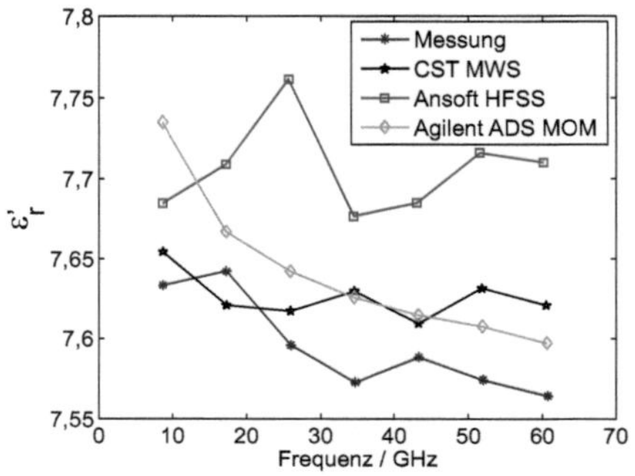

Abbildung 1.2 – Extrahierter Realteil der relativen Permittivität des Systems *DuPont 951/A2* in Messung und Simulation mittels Ringresonator.

Struktur und der damit verbundenen starken Krümmung weist die Mehrzahl der Kurven eine fallende Tendenz auf. Allgemein zeigt sich jedoch, dass alle drei in Betracht gezogenen Programme in der Lage sind, die Struktur hinreichend genau zu erfassen. Aus der Messung ist ersichtlich, dass sich mit steigender Ordnung ein Wert von durchschnittlich $\varepsilon_r' = 7,58$ einstellt. Dieser weicht um etwa 3,5% von der Herstellerangabe ab. Für sämtliche im Rahmen dieser Arbeit durchgeführten Simulationen wird dieser korrigierte Wert angesetzt.

1.2 Elementare Strukturen

Mit der extrahierten relativen Permittivität können LTCC-Schaltungen bis zu Frequenzen im Millimeterwellenbereich synthetisiert werden. Auf Grundlage des Systems *951* von *DuPont* soll dieses anhand dreier elementarer Strukturen nachgewiesen werden. Hierbei wird insbesondere auf eine Mehrlagen-Implementierung zurückgegriffen, um Mikrowellenschaltungen kompakt zu realisieren.

1.2.1 Vergrabenes Filter zur galvanischen Entkopplung

Als erstes Element wird eine Filterstruktur vorgestellt, die es ermöglicht, zwei aktive Stufen einer Schaltung galvanisch zu entkoppeln. Allgemein sind folgende Anforderungen an ein solches Element zu stellen:

- Isolation der Gleichspannung mit hoher Durchschlagsfestigkeit,
- Geringe Einfügedämpfung des Signals,
- Hohe Bandbreite,

- Kompakte Bauform.

Das einfachste Bauelement, welches diese Anforderungen erfüllt, ist eine Kapazität in Serienschaltung. In Hochfrequenzschaltungen auf Grundlage der Dünnfilmtechnik und der integrierten Halbleiterschaltungen können Kapazitäten durch Metall-Isolator-Metall (MIM) Strukturen näherungsweise realisiert werden. Durch sehr dünne Schichten werden hohe Kapazitätsbeläge im Bereich einiger nF/mm^2 erreicht [104, 105], die eine hohe Bandbreite ermöglichen.

Für die LTCC-Technologie stehen MIM-Strukturen wie in der Dünnschicht-Technologie bislang nicht zur Verfügung. Es kann anstatt der einfachen Kapazität jedoch auch die etwas komplexere Struktur eines Filters mit Bandpass- oder Hochpasscharakteristik eingesetzt werden. Eine Topologie, die besonders durch Kompaktheit und hohe Bandbreite ausgezeichnet ist, wurde in [106] vorgestellt und in [107–109] näher in Theorie und Ausführungen untersucht. Sie besteht aus einer Dreifachleitung, deren elektrische Länge $L = \lambda/4$ bei der Mittenfrequenz beträgt. Die Leitung wird an einem Tor des ersten Leiters angeregt und an einem beliebigen Tor des zweiten Leiters mit der Systemimpedanz abgeschlossen. Die übrigen Tore sind mit einem Leerlauf/Kurzschluss bzw. mit einem Leerlauf/Leerlauf abgeschlossen. Der dritte Leiter dient als gemeinsame Masse. Für die Konfiguration in Abbildung 1.3(a) sind relative Bandbreiten von bis zu 200% zu erwarten [110]. Insbesondere wenn die Leitungen übereinander angeordnet sind, wird keine

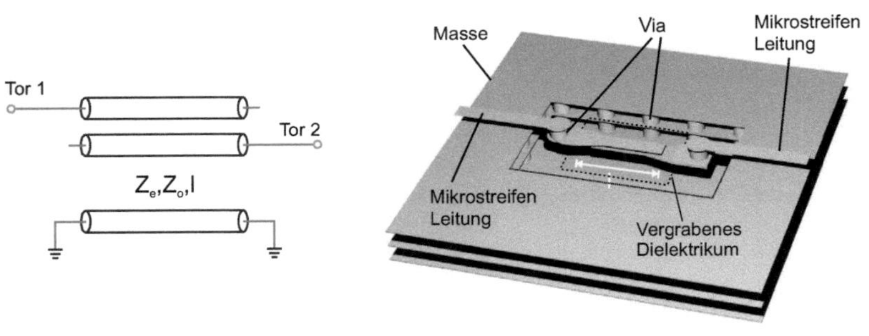

(a) Leitungs-Ersatzschaltbild (b) Illustration

Abbildung 1.3 – Hochintegrierte Filterstruktur zur galvanischen Entkopplung [111].

sehr hohe Auflösung zur Strukturierung benötigt, wie es für laterale Kopplung bei hohen Bandbreiten notwendig ist [112].

Im LTCC-Substrat lassen sich vertikal gekoppelte Leiterbahnen durch das Mehrlagensystem ohne weiteres integrieren, jedoch ist der Abstand der Metallisierungen durch das Substrat vorgegeben und liefert bei einer Höhe von 130 µm keine befriedigenden Ergebnisse in Bezug auf die Bandbreite. Es besteht allerdings die Möglichkeit, eine Lage mit hoher Permittivität zu integrieren. Zu diesem Zweck können dielektrische Einschlüsse lokal platziert [113] oder aber ganze Lagen mit dem besonderen Material in den Aufbau integriert werden [114]. Die Permittivität kann dabei Werte im Bereich von 50 bis 2000 annehmen, sodass Kapazitätsbeläge im Bereich einiger pF/mm^2 (X7R-Dielektrikum) bis hin zu nF/mm^2 (Y5T-Dielektrikum) [115] erzielt werden. Die dritte und hier angewandte Herstellungsmethode setzt den Druck eines Einschlusses auf eine Substratlage im ungebrannten Zustand ein, wobei sich eine Elektrode unter dem gedrucktem Dielektrikum befindet. Die zweite Elektrode wird im Folgeschritt über das Dielektrikum gedruckt. Beim Laminieren wird die Anordnung im Mehrlagenaufbau mit eingeschlossen, wodurch es zu leichten Deformationen kommt.

Das entwickelte Element mit integriertem Dielektrikum ist in Abbildung 1.3(b) illustriert [111]. Die gekoppelten Leitungen sind aus technologischen Gründen von mindestens zwei Substratlagen einzuschließen und werden daher über Durchkontaktierungen mit der Mikrostreifenleitung darüber verbunden. Damit es beim Laminieren nicht zum Abscheren der Elektroden kommt, sind diese an der Kante des gedruckten Dielektrikums 200 µm breit und verjüngen sich zum Inneren. Die hier verwendeten Pasten für das eingeschlossene Material verfügen über folgende Parameter im gebrannten Zustand:

1. *DuPont 5674 buried capacitor dielectric* [116]: $\varepsilon_r' = 50...80$, $\tan\delta$ nicht spezifiziert.
2. *Electro Science Laboratories 4160 series* [117]: $\varepsilon_r' = 25...75$, $\tan\delta \leq 0{,}01$ bei 1 kHz.

Da die exakten Werte bei Mikrowellen-Frequenzen nicht bekannt sind, wird in den Simulationen mit den Werten $\varepsilon_r' = 50$ und $\tan\delta = 0{,}01$ gerechnet.

Es wird im Druck eine Höhe von etwa 25-30 µm erreicht. Die hierdurch erzielte Gegentaktimpedanz beträgt etwa $Z_o = 5\,\Omega$, weshalb eine Gleichtaktimpedanz von $Z_e = 95\,\Omega$ eingestellt werden muss, um in einem 50 Ω-System gute Anpassung zu erzielen. Dies geschieht dadurch, dass die Masse zwei Lagen unterhalb der Koppelstruktur ausgespart ist. Die Ränder der Metallisierung sind mit der darunter liegenden vollflächigen Masse verbunden.

Als einziger Freiheitsgrad verbleibt die Länge der Struktur. Diese bestimmt die untere Eckfrequenz, die gemäß der durch den Überlapp gebildeten Kapazität mit zunehmender Länge sinkt. Die obere Eckfrequenz ist durch die erste Resonanz bestimmt, bei der die elektrische Länge der Koppelstruktur einer halben Wellenlänge entspricht. Dieses Verhalten ist deutlich in Messung und Simulation in Abbildung 1.4 zu erkennen. In den Varianten mit l=1000 µm und l=600 µm wird das Material *ESL 4160* verwendet. Aufgrund von partieller Blasenbildungen beim Sintern war es jedoch notwendig, die Originalpaste *DuPont 5674* im Herstellungsprozess zu verwenden. Aus diesem Grund fallen die Resonanzen bei den Strukturen mit einer Länge von l=450 µm und l=300 µm deutlich breiter aus, da der Verlustwinkel der Originalpaste vermutlich höher ist. Es ist weiterhin auffällig, dass für kürzere Koppellängen stärkere Abweichungen zwischen Simulation und Messung auftreten. Dies ist auf die Verformungen durch den Laminationsprozess zurückzuführen, die in der Simulation nicht berücksichtigt sind. Dennoch werden mit allen Strukturen relative Bandbreiten von etwa 200% bei geringer Einfügedämpfung mit akzeptabler Anpassung erreicht.

Die zulässige Betriebsspannung für das eingeschlossene Dielektrikum errechnet sich aus der Durchbruchsspannung des Materials. Diese ist herstellerabhängig, beträgt hier jedoch wenigstens 8 MV/m. Wird eine Parallelplattenanordnung ohne Feldüberhöhungen

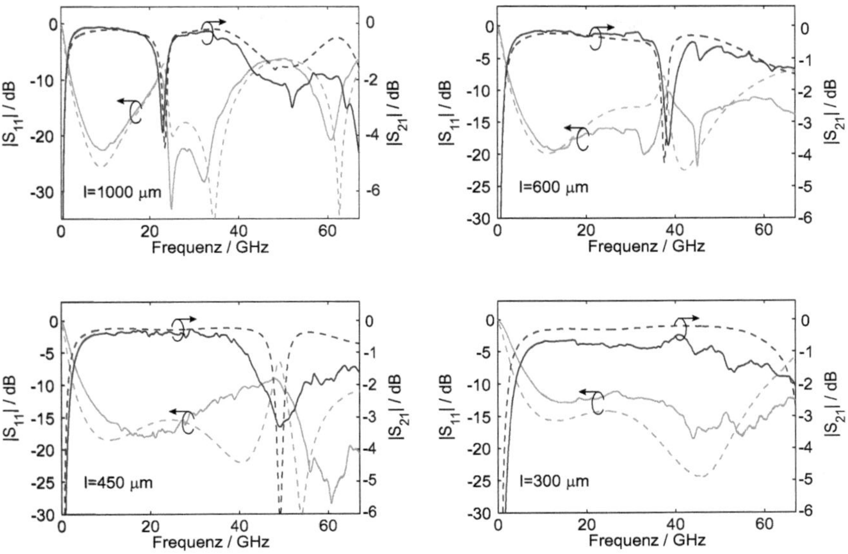

Abbildung 1.4 – Simulation mit *Microwave Studio* (- -) und Messung (-) von Filtern zur galvanischen Entkopplung mit unterschiedlichen Koppellängen.

im Randbereich zugrunde gelegt, so kann die Durchschlagsfestigkeit über den linearen Zusammenhang zwischen Durchbruchsspannung und Höhe des eingeschlossenen Materials ermittelt werden. Sie beträgt bei einer Höhe von 25 µm wenigstens 200 V [117]. Eine derart hohe Spannung wird in der Mehrzahl der Halbleiterschaltungen nie erreicht.

1.2.2 Vertikales Filter zur Gleichspannungsversorgung

Die englischen Sprachraum als *bias feed* bekannte Filterschaltung hat zur Aufgabe, eine aktive Hochfrequenzschaltung mit Gleichspannungen und -strömen zu versorgen, ohne dabei die Funktionsweise der Schaltung signifikant zu beeinträchtigen. Folgende Anforderungen sollten von dieser Schaltung erfüllt werden:

- Hohe Isolation zwischen Gleichspannungsquelle und Hochfrequenz (HF)-Leitung,
- Geringe Einfügedämpfung für das HF-Signal,
- Gute Anpassung über eine hohe Bandbreite.

Während in Schaltungen bei relativ niedrigen Frequenzen sowie in integrierten Halbleiterschaltungen mit sehr hohen Strukturauflösungen konzentrierte Elemente in Form von LC-Gliedern zum Einsatz kommen, sind bei hybriden Schaltungen verteilte Strukturen gängig. Diese können auch bei sehr hohen Frequenzen ohne parasitäre Resonanzen realisiert werden.

Eine bekannte planare Form ist in Abbildung 1.5 gezeigt [118]. Es handelt sich um einen

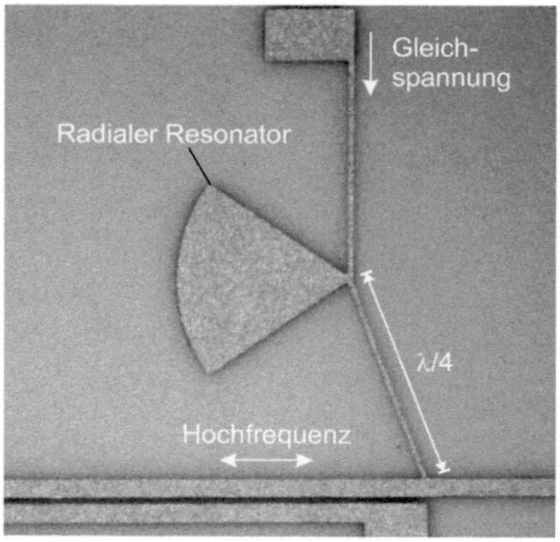

Abbildung 1.5 – Planare Filterstruktur zur Gleichspannungsversorgung nach [118].

radialen Resonator, welcher bei der Entwurfsfrequenz über eine sehr niedrige Impedanz am spitzen Ende verfügt, die vereinfacht auch als Kurzschluss betrachtet werden kann. Dieser wird über eine $\lambda/4$-Leitung mit hoher Impedanz in einen Leerlauf transformiert, welcher in Parallelschaltung zur Hochfrequenz-Leitung wirkungslos bleibt. Theoretisch wird eine unendlich hohe Entkopplung zwischen HF- und Niederfrequenz (NF)-Toren erreicht.

Obwohl diese Schaltung weit verbreitet ist und in vielen kommerziellen Programmen als Element standardmäßig eingebunden ist, weist sie einige Nachteile auf. Zum einen befindet sich das Speisenetzwerk direkt neben den Hochfrequenzstrukturen, sodass eine Miniaturisierung kaum möglich ist. Weiterhin benötigen viele Schaltungen mehrere Speisenetzwerke, die in unmittelbarer Nachbarschaft aufgrund der hohen Feldstärken im Bereich der Resonanzfrequenz zu unerwünschten Kopplungen neigen können. Dies kann die aktive Schaltung unbrauchbar machen.

Eine alternative vertikal integrierte Schaltung ist in Abbildung 1.6(a) illustriert [119]. Sie besteht aus zwei Scheiben, die im Mittelpunkt über eine spiralförmige Strukturierung verfügen. Letztere ist durch einen Übergang durch die obere Massemetallisierung mit der Hochfrequenzleitung eine Ebene darüber verschaltet. Beide Scheiben sind ebenfalls mit Vias verbunden, die durch eine innere Massemetallisierung führen, die eine Feldkopplung der beiden strukturierten Scheiben verhindert. Diese Anordnung ist zur äußeren Schirmung von Ringen eingefasst, welche mit der Masse über Vias verbunden sind. An der unteren Masse befindet sich ebenfalls eine Durchführung, an welcher eine Gleichspannung zur Versorgung der aktiven Schaltung angeschlossen wird. Zu Messzwecken ist dieser Anschluss über eine Koplanarleitung und einen vertikalen Übergang an die Oberfläche geführt (Tor 2).

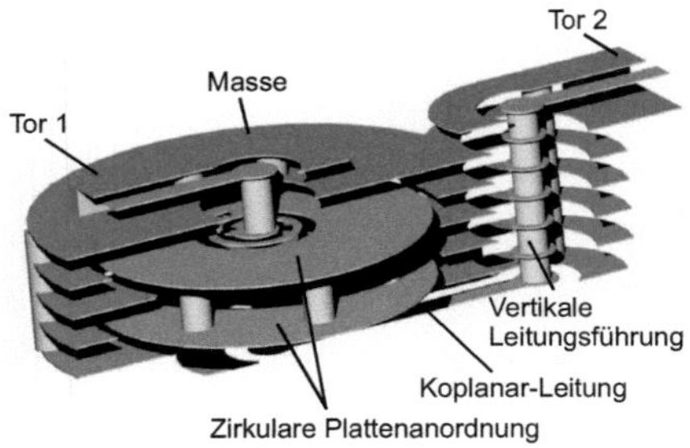

(a) Illustration

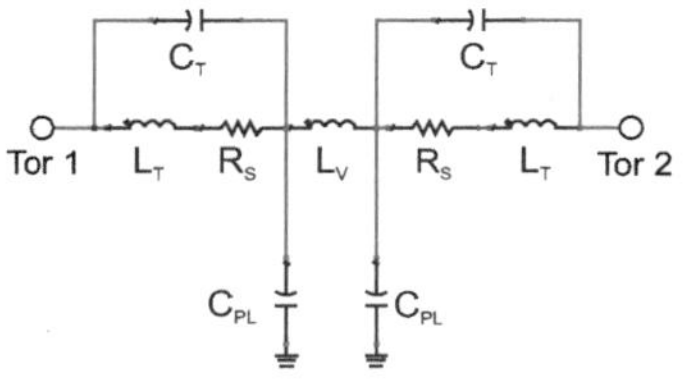

(b) Ersatzschaltbild

Abbildung 1.6 – Vertikale Filteranordnung mit Tiefpass-Charakter zur Gleichspannungsspeisung in aktiven Schaltungen [119].

Folgende Verbesserungen gegenüber dem Stand der Technik sind hervorzuheben. Die vertikale Integration der Filter-Struktur erlaubt die Realisierung von komplexen Funktionen auf kleiner Fläche. Dadurch ist eine Miniaturisierung von Schaltungen in Mehrlagen-Aufbauten möglich. Durch die Strukturierung der Scheibe kann ein weiteres Filter-Element platzsparend in derselben Ebene untergebracht werden. Die Flächenkapazität der Scheibe wird dadurch nur geringfügig gemindert, die Funktionalität aber deutlich erhöht. Durch die äußere Schirmung wird eine Verkopplung mit benachbarten Strukturen stark reduziert und kann in der Schaltungssynthese vernachlässigt werden.

Das vereinfachte Ersatzschaltbild der vertikalen Struktur ist in Abbildung 1.6(b) dargestellt. Die konzentrierten Elemente L_T und R_S werden den inneren Windungen zugeordnet, die über eine parasitäre Kapazität C_T verfügen. Jede zirkulare Platte stellt eine Kapazität C_{PL} gegen Masse dar. Beide Kapazitäten sind über eine Induktivität L_V verbunden, die die Via-Verbindungen zwischen den Platten repräsentiert. Die Kapazität C_{PL} lässt sich, ohne Berücksichtung von Randeffekten und der inneren Strukturierung, mit der zweifachen Kapazität eines herkömmlichen Kondensators abschätzen. Diese Größe ist in Abbildung 1.7 graphisch dargestellt. Bereits ab einem Durchmesser von etwas mehr als einem Millimeter werden Werte im einstelligen Picofarad-Bereich erzielt. Damit können bei 20 GHz durch die Parallelschaltung zweier Scheiben schon sehr niedrige Reaktanzen von -j4 Ω erreicht werden.

Als zweiter Freiheitsgrad steht die Dimensionierung der inneren Strukturierung zur Verfügung. Wie beim Entwurf der planaren Schaltung in Abbildung 1.5 sollte die Spirale möglichst schmal sein, um eine hohe Bandbreite zu ermöglichen. Deshalb ist die hier die zum Zeitpunkt der Ausarbeitung gültige untere Grenze von 50 µm für Leiterbreiten und -abstände gewählt worden.

Ausgehend von einer kreisförmigen Struktur mit einem Radius von 100 µm zur Anbindung des Signal-Vias kann mit der Anzahl der Windungen der oberen Spirale die Phase des Reflexionsfaktors eingestellt werden, wie es in Abbildung 1.8 gezeigt ist. Erwartungsgemäß sinkt die Phase (Referenzebene an der oberen Durchführung) mit steigender Indukti-

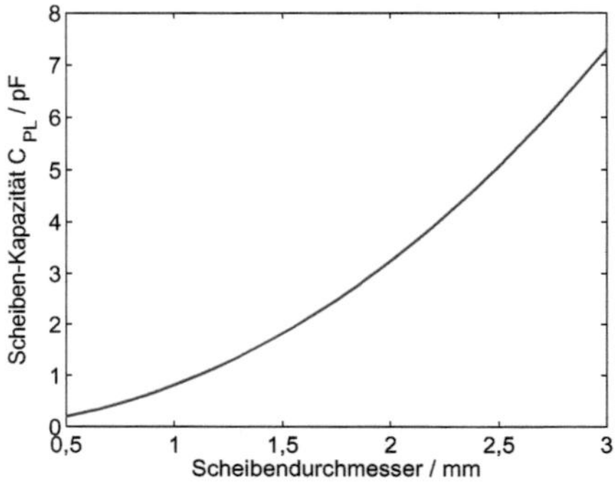

Abbildung 1.7 – Abgeschätzte Kapazität einer zirkularen Platte.

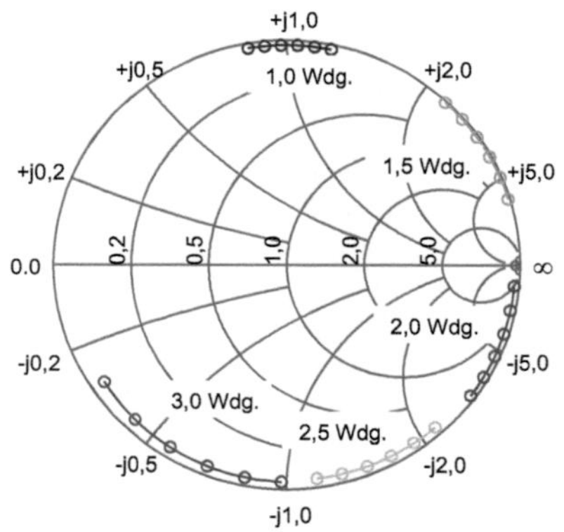

Abbildung 1.8 – Simulierte komplexe Eingangsimpedanz (*Microwave Studio*) der vertikalen Filterstruktur mit d=2,0 mm für verschiedene Windungen im Frequenzbereich zwischen 9 und 11 GHz.

vität. Die Ortskurven verlaufen in allen Fällen nahe des Einheitskreises, woraus auf geringe Verluste zu schließen ist. Für beide Scheiben wird im Simulationsmodell der gleiche Durchmesser gewählt. Die obere Windung an Tor 1 zusammen mit der Reaktanz der ersten Platte ist maßgeblich für die Phase der Reflexion. Für eine Schaltung bei eine Betriebsfrequenz von 10 GHz bzw. 20 GHz sind etwa 1,9 Windungen bzw. 1,0 Windungen notwendig, um einen Leerlauf an der Durchführung zu erzeugen.

Eine Erweiterung der vertikalen Struktur ist in Abbildung 1.9(a) dargestellt. Die untere Durchführung wird hier nicht direkt mit dem vertikalen Übergang und Tor 2 verbunden, sondern auf eine dritte Platte mit gleichem Durchmesser geführt. Diese bildet mit einem integrierten Dielektrikum hoher Permittivität und der darunter befindlichen Masse eine Stützkapazität, wie sie üblicherweise in Form einer SMD-Komponente oder eines Chips parallel zum Gleichspannungstor der Schaltung angebracht wird. Diese NF-Kapazität bringt zwar einen höheren Aufwand in der Prozessierung mit sich, jedoch entfällt so ein externes Bauelement. Weiterhin vorteilhaft ist die definierte Position der Stützkapazität unmittelbar in der Nähe der Filterstruktur. Durch Abschätzung der Kapazität wie bei ei-

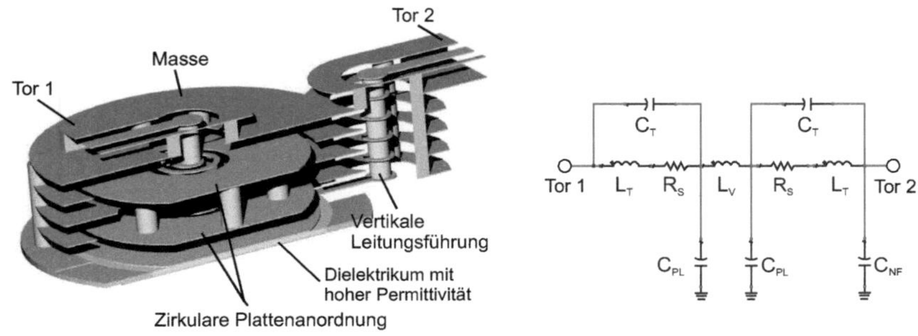

(a) Illustration (b) Ersatzschaltbild

Abbildung 1.9 – Vertikale Filteranordnung mit integrierter Stützkapazität [111].

nem Plattenkondensator, grafisch in Abbildung 1.10 dargestellt, zeigt sich, dass aufgrund der hohen Permittivität Werte im Bereich einiger zehn Picofarad erreicht werden.

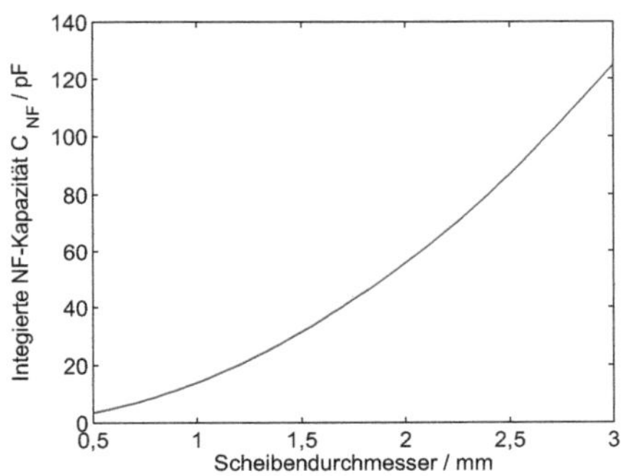

Abbildung 1.10 – Abgeschätzte Kapazität der integrierten Stützkapazität für ein X7R-Dielektrikum mit $\varepsilon_r' = 50$ und h=25 µm.

Zur Verifikation der vertikalen Filterstruktur sind in Abbildung 1.11 Simulation und Messung zweier verschiedener Filter dargestellt. Die erste Struktur verfügt über einen Plattendurchmesser von 2 mm mit zwei Windungen. Das Transmissions-Minimum liegt hier bei etwa 14 GHz, der Phasen-Nulldurchgang der Reflexion knapp unter 10 GHz mit einer Transmission von etwa −25 dB. Durch die Integration der Stützkapazität sinkt diese auf unter −50 dB. Die ersten Resonanzen treten ab etwa 25 GHz auf.

Für einen Durchmesser von 1,5 mm mit nur einer Windung erreicht man einen Phasen-Nulldurchgang bei etwa 20 GHz. Die Transmission beträgt weniger als −30 dB und kann auch mit integrierter Stützkapazität noch verbessert werden. Die ersten parasitären Resonanzen treten in dieser Struktur ab etwa 28 GHz auf.

Beim Vergleich der Filter mit und ohne Stützkapazität fällt auf, dass die Erweiterung keine zusätzlichen Resonanzen in unmittelbarer Nähe der Betriebsfrequenz verursacht,

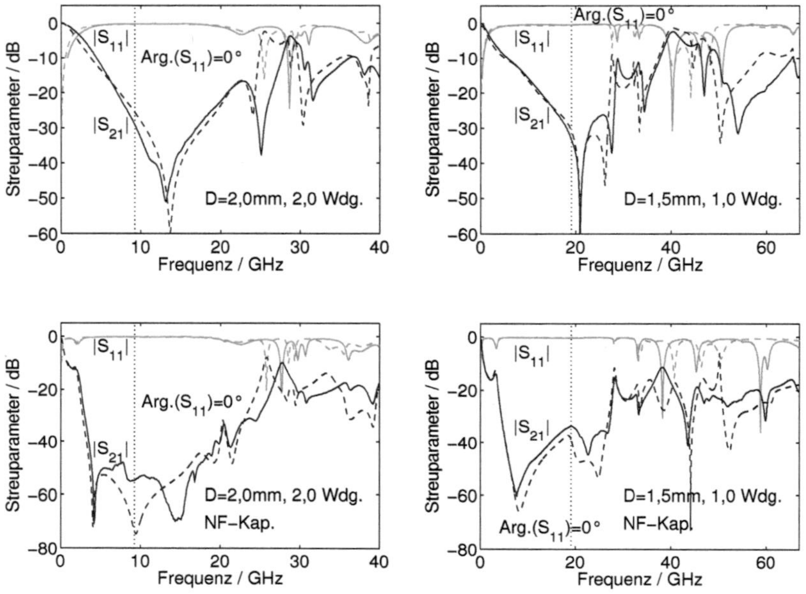

Abbildung 1.11 – Simulation mit *Microwave Studio* (- -) und Messung (-) von vertikalen Filterstrukturen mit und ohne integrierter Kapazität.

aber die Sperrwirkung erhöht. In beiden Fällen sind aber ab etwa 25 GHz Resonanzen vorhanden, deren Ursache zu klären ist. Hierzu wird die Stromdichteverteilung für die Struktur mit D=1,5 mm anhand der Simulationsdaten bei drei verschiedenen Frequenzen analysiert, siehe Abbildung 1.12. Die erste Resonanz bei 27,28 GHz zeigt einen Energietransfer zwischen beiden Platten. Dieser ist von der Induktivität der Vias abhängig und zeigt keine nennenswerte Abhängigkeit von deren Position. Ebenfalls bringt die Erhöhung der Anzahl auf über sechs Durchkontaktierungen kaum Verbesserung mit sich, würde aber technologische Probleme bereiten. Nur eine Reduzierung der Substrathöhe könnte eine Verschiebung zu höheren Frequenzen bewirken. Die Resonanzen bei 32,67 GHz und 33,39 GHz zeigen deutlich die Grundmode auf der zirkularen Struktur, so wie sie in [120] theoretisch beschrieben ist. Aufgrund der Störung durch die spiralförmige Strukturierung im Inneren entstehen zwei im Frequenzbereich dicht nebeneinander liegende Moden. Die Resonanzfrequenz lässt sich über den Durchmesser steuern, sodass für sehr hohe Frequenzen möglichst kleine Werte für diesen Parameter gewählt werden sollten.

Mit einer Substrathöhe und einem Viadurchmesser von je 130 µm und einem Auflösungsvermögen von 50 µm konnten bereits Filterschaltungen bis zu einer Frequenz von 33 GHz realisiert werden [119]. Damit die Struktur auch bei weitaus höheren Frequenzen ohne Resonanzen betrieben werden kann, müsste eine Skalierung in allen drei Achsen erfolgen.

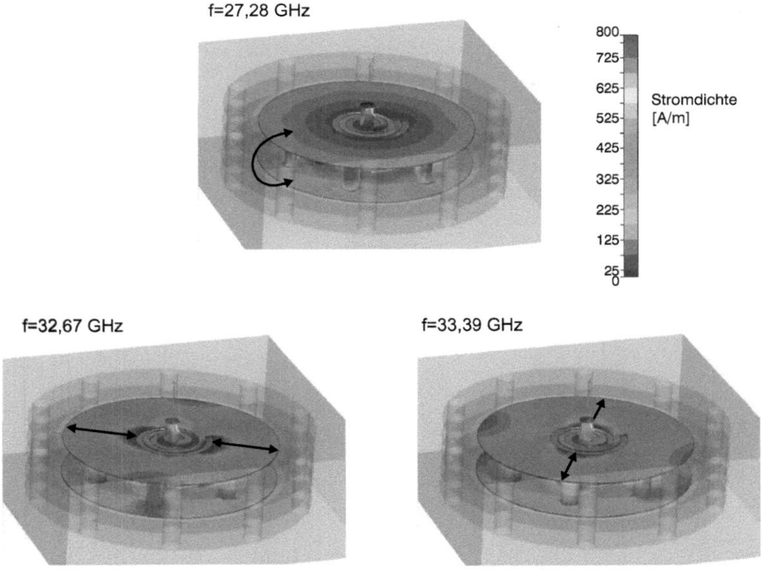

Abbildung 1.12 – Stromdichteverteilung auf der zirkularen Struktur bei drei Resonanzfrequenzen.

Die Skalierung der Höhe kann derzeit bereits durch dünneres Ausgangsmaterial erzielt werden. Ein Verhältnis von bis zu 1:5 ist möglich, wodurch die Parasitärinduktivität zwischen den Platten vermindert würde. Durch den steigenden Kapazitätsbelag kann der Scheibendurchmesser verringert werden, sodass auch die Eigenresonanz der Scheiben zu höheren Frequenzen verschoben wäre. Hierbei müsste auch die Auflösung erhöht werden. Durch den Einsatz von Ätztechniken konnte innerhalb des zugrunde liegenden Forschungsvorhabens eine Auflösung von unter 20 µm gezeigt werden. Dies entspricht einem Verhältnis von etwa 1:2,5. Künftig soll die gedruckte Auflösung erhöht werden, sodass auch eine Leiterbreite von 30 µm sicher abgebildet werden kann. Mit der Skalierung in lateraler Ebene verringert sich ebenfalls der Durchmesser der Vias. In der Literatur wurde bereits von sehr kleinen Vias mit einem Durchmesser von 50 µm berichtet [121, 122] entsprechend einer Skalierung von etwa 1:2,5. Es muss jedoch noch gezeigt werden, dass die Herstellung dieser sehr kleinen vertikalen Verbindungen auch im Produktionsmassstab zuverlässig ist. Es zeigt sich aus der Abschätzung, dass diese Struktur bis weit in den Millimeterwellenbereich bereits mit heutigen Methoden umsetzbar ist.

1.2.3 Gedruckte Leitungsabschlüsse

Als drittes wichtiges Grundelement wird in diesem Abschnitt der Entwurf eines gedruckten Leitungsabschlusses diskutiert. Die wichtigste Anforderung, die an dieses Element gestellt wird, ist eine möglichst hohe Absorption der einfallenden Welle über eine große Bandbreite.

Für das LTCC-Substratsystem sind für die Realisierung von Widerständen resistive Pasten verfügbar, deren Anteil an Rubidiumdioxid den spezifischen Widerstand steuert [123]. Das Material wird vor oder nach dem Sintern auf die Keramik über zwei metallische Elektroden gedruckt, wie es in Abbildung 1.13(a) illustriert ist. Unter Annahme eines Quaders

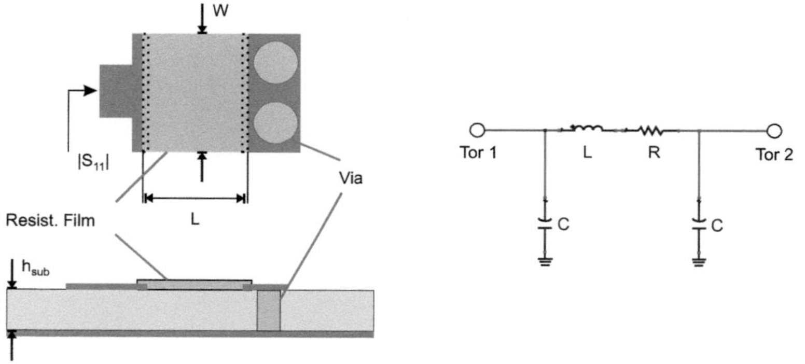

(a) Ansicht von oben u. Querschnitt

(b) Ersatzschaltbild aus konzentrierten Elementen zur Näherung der resistiven Schicht.

Abbildung 1.13 – Gedruckter Leitungsabschluss auf einer Substratlage (h_{Sub} =130 µm) LTCC mit einfachem Ersatzschaltbild.

berechnet sich der Gleichstromwiderstand bekanntermaßen aus dem spezifischen Widerstand ρ und die geometrischen Abmessungen Länge L, Breite W und Höhe h. Ist die Höhe durch den Druck festgelegt, so stehen als Freiheitsgrade die Breite und Länge der resistiven Schicht zur Verfügung. Zur Vereinfachung sind dann der Quotient aus ρ und h zum Quadratwiderstand $R_\square$ zusammengefasst.

Für den Entwurf von Widerständen auf LTCC stehen Werte im Bereich von $R_\square$ =10 Ω bis 100 kΩ zur Verfügung [123, 124]. Diese Werte sind im allgemeinen abhängig von der Umgebungstemperatur, wobei Änderungen von typischerweise -50 ppm/K festgestellt worden sind [125].

Eine besondere Herausforderung stellt die Realisierung von Widerständen in Kavitäten dar. Diese können nur vor dem Laminieren gedruckt werden und sind damit den Sintertemperaturen sowie weiteren Temperaturzyklen durch Postfire-Drucke ausgesetzt. Der Quadratwiderstand wird bei jedem Vorgang um einige Prozent verändert [126]. Aus diesem Grund können Cofire-Widerstände nicht mit sehr engen Toleranzen hergestellt werden und erfordern einen Abgleich nach Abschluss der Herstellung.

Es soll hier ein Widerstand dimensioniert werden, welcher auf einer Substratlage mit einer Höhe von h=130 µm eine Mikrostreifenleitung mit einer Impedanz von 50 Ω reflexionsarm abschließt. Eine 50 Ω-Leitung weist für das System *951/A2* der Firma *DuPont* eine Breite von w=150 µm auf. Zur Dimensionierung wird auf das Dünnfilm-Modell im Programm *Advanced Design System* zurückgegriffen, da spezielle analytische Modelle für das bestehende Problem nicht verfügbar sind. Das im Programm verwendete Modell basiert auf der Physik verlustbehafteter Leitungen [127] und schränkt die Anwendung auf gedruckte LTCC-Widerstände zunächst nicht ein.

Um die optimalen Abmessungen und den Quadratwiderstand zu ermitteln, werden die Parameter $R_\square$ und W variiert und der Reflexionsfaktor bei 20 GHz beobachtet. Das Ergebnis dieser Studie ist in Abbildung 1.14 gezeigt.

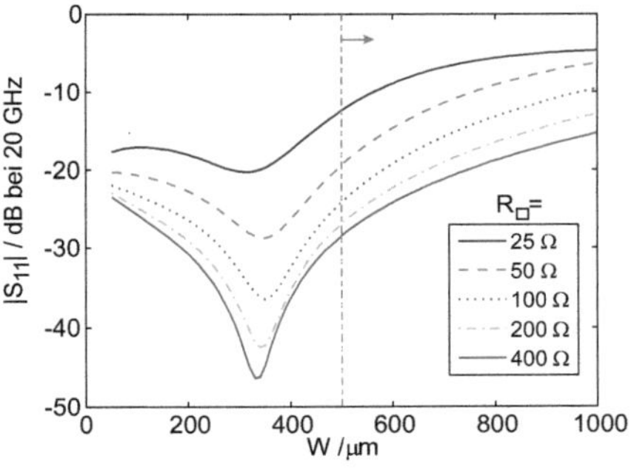

Abbildung 1.14 – Simulation von $|S_{11}|$ in Abhängigkeit von W bei 20 GHz für $R_\square$ = 25 bis 400 Ω. Die Markierung kennzeichnet den Bereich der für den Herstellungsprozess empfohlenen Mindestabmessung von 500 µm.

Für $R_\square$ werden Werte im Bereich von 25 bis 400 Ω angesetzt. Die beste Anpassung wird demnach mit Pasten höherer Resistivität und einer Breite von W=380 µm erzielt. Dieser optimale Wert ist in einem Frequenzbereich bis 70 GHz gültig und beschränkt sich nicht auf die hier abgebildeten Kurven bei 20 GHz. Dass die optimale Breite der Widerstandsschicht erheblich von der Breite der Leitung abweicht, ist durch die Kontinuität des Stromes an der Stoßstelle zwischen der Goldmetallisierung mit hoher Leitfähigkeit und der Rubidiumdioxid-Schicht mit einer geringen Leitfähigkeit erklärbar. An der Sprungstelle ist eine Auffächerung des Stromes notwendig, die zu einer wesentlich breiteren Geometrie als die der Leitungsbreite führt. Die beste Anpassung wird mit der 400 Ω-Schicht erreicht. Der Grund hierfür ist in der Länge der resistiven Leitung zu finden. Die benötigte Länge verhält sich umgekehrt proportional zum Quadratwiderstand. Dieser Zusammenhang ist in Abbildung 1.15 in grafischer Form dargestellt. Schichten mit geringer Leitfähigkeit führen zu einer sehr kurzen Schicht, mit der eine geringe parasitäre Serien-Induktivität verbunden ist.

In Abbildung 1.14 und 1.15 sind Markierungen für die empfohlenen kleinsten Abmessungen eines gedruckten Widerstandes von 500 µm enthalten, die zum Zeitpunkt der Herstellung gegeben waren. Die optimale Breite der Widerstandsschicht ist folglich nicht

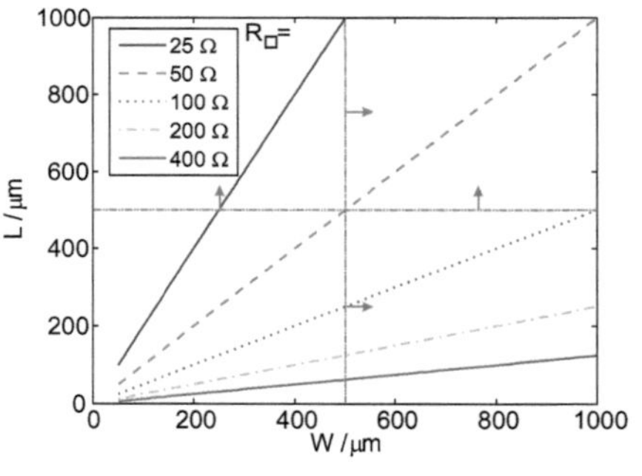

Abbildung 1.15 – Abhängigkeit der Länge L von der Weite W für $R_\square$ = 25 bis 400Ω und R=50Ω. Die Markierungen kennzeichnen den Bereich der für den Herstellungsprozess empfohlenen Mindestabmessung von 500 µm.

sicher realisierbar. Ebenso führen Quadratwiderstands-Werte von über 50 Ω zu sehr kurzen Abmessungen, die zur Zeit noch in der Erprobungsphase sind.

Für den Entwurf wird die kleinste Breite von W=500 µm für eine Paste mit $R_\square$=100 Ω gewählt, also bereits außerhalb des empfohlenen Bereichs. Bei der Herstellung werden die hohen Toleranzen mit einkalkuliert, indem der Leitwert der Paste erhöht wird und somit alle Widerstände einen zu niedrigen Wert aufweisen. In einigen Chargen sind für Strukturen ohne Abgleich Gleichstromwiderstände im Bereich 25 Ω bis 40 Ω gemessen worden, sodass mit einem Quadratwiderstand von bis zu 50 Ω gerechnet werden kann. Der Abgleich auf 50 Ω ±1% erfolgt mittels Laser-Ablation von einer Seite, wie in Abbildung 1.16(a) illustriert. Die effektive Weite ist somit im Bereich des Optimums, und eine

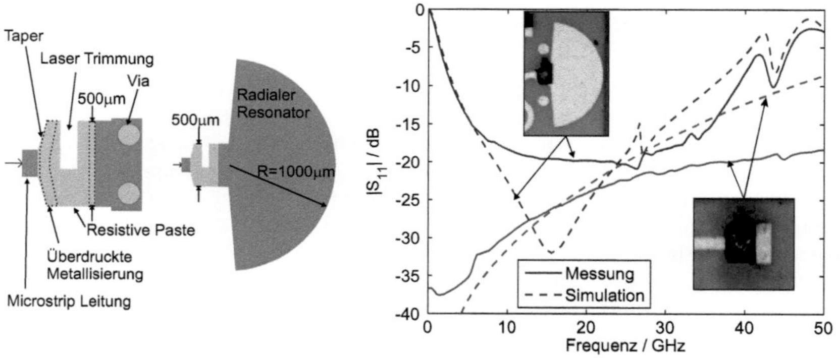

(a) Illustration

(b) Messung und Simulation

Abbildung 1.16 – Gedruckte Leitungsabschlüsse mit Vias und Resonator als Kurzschluss.

Anpassung von -25 dB bei 20 GHz wird in Simulation und Messung erreicht, siehe Abbildung 1.16(b). In der Simulation ist die durch das Trimmen hervorgerufene Kerbe sowie der niedrigere Quadratwiderstand von $R_\square$=50 Ω mit berücksichtigt worden. Zu höheren

Frequenzen ist der gemessene Reflexionsfaktor deutlich besser als in der Simulation, was vermutlich auf das einfache Modell des Dünnschichtwiderstandes zurückzuführen ist. In diesem Modell ist etwa die Höhe der resistiven Schicht nicht berücksichtigt, welche in der Praxis jedoch etwa 20 µm beträgt. Trotz der leichten Ungenauigkeiten können mit dem Modell Abschlusswiderstände auf LTCC erfolgreich entworfen werden.

Eine besondere Variante des Leitungsabschlusses ist in Abbildung 1.16(a) rechts dargestellt. Hier werden die Vias zur Masse der Mikrostreifenleitung durch einen radialen Resonator mit einem Öffnungswinkel von 170° ersetzt, welcher am Übergang zur resistiven Schicht einen Kurzschluss darstellt. Der Resonator hat bei 20 GHz einen Radius von R =1000 µm. Als wichtiges Merkmal dieser Ausführung ist zu nennen, dass keine Gleichstromverbindung zur Masse vorhanden ist. In aktiven Schaltungen können damit keine Versorgungsströme durch die Leitungsabschluss fließen. Die große Fläche sorgt dafür, dass selbst bei niedrigen Frequenzen von 5 GHz noch eine akzeptable Anpassung erreicht wird, siehe Abbildung 1.16(b). Eine ausreichende Absorption ist ebenfalls bis etwa 35 GHz gewährleistet. Darüber hinaus steigt der Reflexionsfaktor stark an, da bei etwa 40 GHz der Resonator einen effektiven Leerlauf am Ende des Widerstands darstellt. Im Vergleich zu einer Kombination aus dem in Kapitel 1.2.1 vorgestellten Filter zur Gleichspannungsentkopplung mit breitbandigem Abschluss weist die hier vorgestellte Struktur den Vorteil auf, dass sie bei vergleichbaren Abmessungen einfacher herzustellen ist und lediglich eine einzige Lage in Anspruch nimmt. Dies kann insbesondere dann von Vorteil sein, wenn sich unterhalb des Abschlusses bereits vertikale Strukturen befinden.

Mit dem Leitungsabschluss stehen insgesamt drei Grundelemente zur Verfügung, mit denen kompakte Schaltungen mit einem hohen Integrationsgrad erreicht werden können.

2 Fertigungstoleranzen im Herstellungsprozess

Mit der passiven Bibliothek aus Kapitel 1 ist der Grundstein für die Synthese aktiver Schaltungen gelegt. Bedingt durch Ungenauigkeiten, die bei der technologischen Umsetzung eines Entwurfs zu einer nicht exakten mechanischen Abbildung führen, treten jedoch Schwankungen in der elektrischen Funktion auf. Um zu gewährleisten, dass Komponenten und Systeme zuverlässig und mit geringen Toleranzen gefertigt werden können, ist es notwendig, die Reproduzierbarkeit anhand von repräsentativen Schaltungen zu untersuchen[1]. Es stellen sich folgende Fragen:

- Wie wirken sich Toleranzen auf die elektrische Funktion der Mehrlagenschaltungen aus?
- Welche Mechanismen dominieren?
- Kann der verwendete Prozess die Strukturen sicher umsetzten?

Zur deren Beantwortung wird zunächst auf die wichtigsten Ursachen der Streuung eingegangen und ein Parametersatz zur Toleranz-Analyse durch Simulation aufgestellt. Des weiteren wird eine Messmethode erörtert, die es erlaubt, die Qualität gewonnener Messdaten zu beurteilen. Auf diesen Grundlagen werden drei repräsentative Schaltungen durch Messung und Simulation analysiert. Aus den gewonnenen Datensätzen werden schließlich Rückschlüsse auf die Qualität des Fertigungsprozesses gezogen.

2.1 Analysemethoden

2.1.1 Monte-Carlo-Analyse mit Feldsimulationen

Die *Monte-Carlo-Analyse* [128] bildet die Grundlage für die systematische Analyse von statistischen Prozessen unter Verwendung von zufällig erzeugten Eingangsparametern. Die Art der Analyse erlaubt es, mit einer relativ geringen Anzahl von Experimenten auf Simulationsebene eine Aussage über die Streuung und damit die Empfindlichkeit eines Modells gegenüber einer Eingangsvariation zu erstellen. In der Vergangenheit wurden so zum Beispiel Halbleiterbauelemente untersucht [129, 130].

Die statistische Analyse mit zufällig erzeugten Eingangsgrößen kann auch zur Analyse der Fertigungssicherheit von Mikrowellenschaltungen herangezogen werden. Da beim Herstellungsprozess der Bauelemente die einzelnen Prozessschritte hintereinander erfolgen und nicht korreliert sind, findet der zentrale Grenzwertsatz der Wahrscheinlichkeitstheorie Anwendung. Er besagt, dass die Summe der identisch verteilten Einzelprozesse annähernd normalverteilt ist.

[1] Alle im folgenden gezeigten Ergebnisse beruhen auf einem LTCC-Herstellungsprozess der Firma MicroSystems Engineering GmbH, Berg/Oberfranken.

Für die Toleranzanalyse ist es nachteilig, die oftmals komplexe physikalische Struktur durch ein einfaches Ersatzschaltbild anzunähern, da ein Großteil der Freiheitsgrade in der physikalischen Struktur durch die Modellbildung eliminiert werden. Die elektrischen Eigenschaften einer Anordnung unter zufälliger Variation der Eingangsparameter sind besser durch eine elektromagnetische Feldsimulation zu erfassen, wie es etwa in [131] für eine planare Filterschaltung vorgestellt wurde.

Um die Analyse durch Feldsimulationen auch auf Mehrlagenschaltungen anwenden zu können, ist es notwendig, die grundlegenden Mechanismen der Fertigungstoleranzen im 3D-Modell zu berücksichtigen, siehe hierzu Abbildung 2.1. So kommt es während des

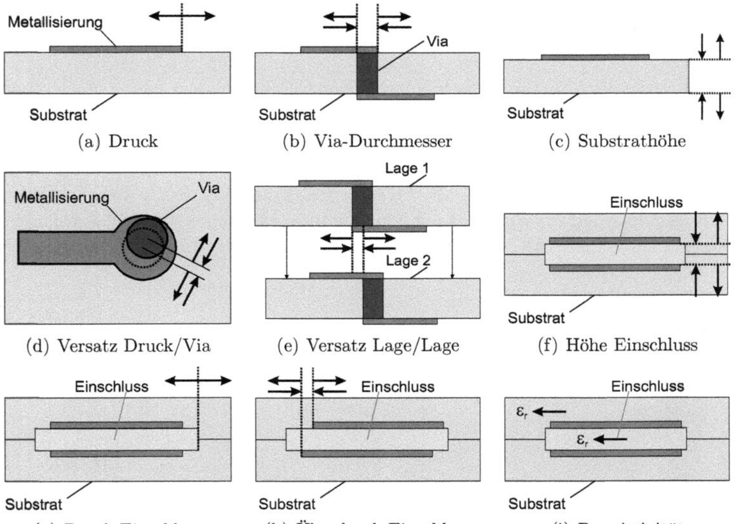

(a) Druck (b) Via-Durchmesser (c) Substrathöhe (d) Versatz Druck/Via (e) Versatz Lage/Lage (f) Höhe Einschluss (g) Druck Einschluss (h) Überdruck Einschluss (i) Permittivität

Abbildung 2.1 – Illustration verschiedener Mechanismen der Herstellungstoleranzen.

Druckens zu einer Abweichung der Metallisierungskontur (Abbildung 2.1(a)). Sie wird durch Streuung der Pasten-Viskosität, der Druckgeschwindigkeit oder auch des Andrucks des Siebes hervorgerufen und äußert sich in einer Verschiebung der Kanten in lateraler Richtung. Die in das Substrat gestanzten Vias weichen ebenfalls von ihrem Solldurchmesser ab, wie in Abbildung 2.1(b) dargestellt ist. Die Abweichungen sind auf Schwankungen im Stanzprozess, unterschiedliche Schrumpfung durch Inhomogenität im Substrat sowie schwankende Füllungen der Metallisierungspaste zu erklären. Die Folien des Substrates weisen weiterhin eine Schwankung in der Höhe auf, wie in Abbildung 2.1(c) illustriert ist. Diese sind sowohl auf Toleranzen im Herstellungsprozess des Rohmaterials als auch auf unterschiedliche Kompression während des Laminierens zurückzuführen. Durch einen unsymmetrischen Lagenaufbau können auch unterschiedliche Schrumpfungen in z-Richtung für eine schwankende Substrathöhe verantwortlich sein. Da das Stanzen und Füllen der Vias sowie das Bedrucken der Leiterbahnen in zwei separaten Schritten vollzogen wird, ist mit einem Versatz der Strukturen innerhalb einer Folie zu rechnen (Abbildung 2.1(d)). Ein weiterer Versatz tritt beim Stapeln der prozessierten Folien auf, wie in Abbildung 2.1(e) gezeigt wird. Abhängig von der Methode der Ausrichtung, die zum Beispiel auf optischem oder aber in einfacheren Fällen auf mechanischem Wege über Registrierlöcher geschieht, werden benachbarte Folien unterschiedlich stark versetzt. Eine Besonderheit in hochwertigen LTCC-Prozessen ist die Möglichkeit, ein Dielektrikum mit hoher Permittivität zu drucken. Hierfür sind für die Toleranzanalyse Mechanismen wie in Abbildung 2.1(f)- 2.1(h) zu berücksichtigen. Sie erfassen eine schwankende Höhe, Versatz im Druck des Dielektrikums sowie das Überdrucken der zweiten Elektrode. Schließlich sind noch die Schwankungen der Permittivität aller beteiligten Dielektrika zu erwähnen (Abbildung 2.1(i)).

Um zuverlässige Aussagen über einen bestimmten Herstellungsprozess treffen zu können, müssten alle Mechanismen durch Bestimmung der Abmessungen und des Versatzes in realen Strukturen quantifiziert werden, aus welcher die Standardabweichung für die zuvor beschriebenen Szenarien ermittelt werden könnte. Ein Parameter, der ohne Zerstörung der Struktur gemessen werden kann, ist die Abbildungsgenauigkeit durch den Siebdruckprozess. Er soll im folgenden exemplarisch an einer Leitungsstruktur ermittelt werden, wie sie in Abbildung 2.2(a) gezeigt ist. Die Struktur verfügt über zwei Mikrostreifen mit einer

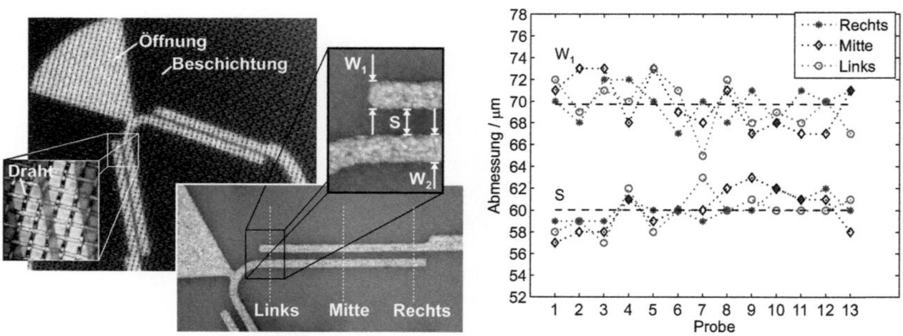

(a) Sieb und Druckbild (b) Ergebnis der Dimensionsbestimmung

Abbildung 2.2 – Analyse der gedruckten Auflösung.

nominellen Weite $W = 72\,\mu m$ und einem Abstand $S = 58\,\mu m$. Um derart feine Strukturen gut auflösen zu können, sind sehr feinmaschige Siebe erforderlich.

Zur Bestimmung der Abstände werden 13 Proben in Betracht gezogen, die jeweils an den drei in Abbildung 2.2(a) gekennzeichneten Abschnitten vermessen werden. Eine Auswertung dieser Untersuchung findet sich in Abbildung 2.2(b). Auf die Darstellung der Größe W_2 wird an dieser Stelle verzichtet, da sie eine vergleichbare Streuung aufweist und somit keine zusätzlichen Informationen bietet. Sowohl die Weite W_1 als auch der Abstand S weisen eine Standardabweichung von weniger als $\sigma = 1{,}0\,\mu m$ auf. Die Schwankungen

	Einheit	σ_1	σ_2	σ_3	Planares Filter	DC-Block	DC-Speisung
Druck	µm	1	2,5	5	•	•	•
Via-Durchmesser	µm	1	2,5	5		•	•
Druck-zu-Via	µm	2,5	5	10		•	•
Lage-zu-Lage	µm	5	10	30		•	•
Substrathöhe	µm	0,5	1	2,5	•	•	•
Einschlusshöhe	µm	1	2,5	5		•	
Einschluss-Versatz	µm	5	10	30		•	
Überdruck-Versatz	µm	5	10	30		•	
ε_r' (Substrat)	-	0,01	0,025	0,05	•	•	•
ε_r' (Einschluss)	-	0,1	0,25	0,5		•	
Lagen-Anzahl					1	4	6

Tabelle 1 – Angenommene Standardabweichungen σ_n für verschiedene Ursachen und Grade der Streuung sowie die Abhängigkeit dreier repräsentativer Schaltungen von den Mechanismen.

werden nicht nur durch eine Verschiebung der Kontur wie in Abbildung 2.1(a), sondern auch durch kleine Fehlstellen hervorgerufen. Die Fehlstellen werden durch den porösen Charakter der Metallisierung verursacht, die im Gegensatz zu den Entwurfsdaten in der Simulation mit einer unscharfen Kontur und mit runden Ecken aufwartet.

Für die Bestimmung der übrigen Parameter wäre die Auswertung einer Vielzahl von Schliffbildern notwendig. An dieser Stelle kann diese sehr aufwendige Analyse nicht durchgeführt werden. Für die Simulation der Streuparameter unter Einfluss von Toleranzen müssen über die Standardabweichungen allerdings geeignete Annahmen gemacht werden. Als Anhaltspunkt für die Abschätzung der Parameter dienen die absoluten Abmessungen der beteiligten Geometrien. So hat ein Via einen Durchmesser von $D = 130\,\mu\text{m}$ im gebrannten Zustand, weshalb Standardabweichungen von mehr als 10 µm unrealistisch sind, da dann auch Vias mit Durchmesser von 100 µm oder 160 µm mit einer nennenswerten Häufigkeit auftreten würden. Aufgrund analoger Überlegungen wird der Parametersatz in Tabelle 1 festgelegt, in welchem drei verschiedene Stufen den Grad der Herstellungstoleranzen beschreiben. Demnach verursacht σ_1 die geringsten und σ_3 die höchsten Streuungen. Als zweite Matrix ist die Abhängigkeit dreier repräsentativer Schaltungen von den einzelnen Ursachen dargestellt. Die zwei Schaltungen zur Gleichspannungsspeisung sowie zur galvanischen Entkopplung sind bereits in Kapitel 1 eingehend erörtert worden. Sie werden durch eine planare Filterschaltung ergänzt, sodass unterschiedlich viele Mechanismen in die Streuung der elektrischen Funktion eingehen und beobachtet werden können.

2.1.2 Referenzmethode zur messtechnischen Bestimmung der Auflösung

Der Messtechnik kommt im Rahmen dieser Toleranzuntersuchung eine besondere Bedeutung zu. Eine grundlegende Frage, die in diesem Zusammenhang erörtert werden muss, betrifft das Auflösungsvermögen der eingesetzten Messtechnik zur Ermittlung der Toleranzen in der elektrischen Funktion. An dieser Stelle erfolgt bewusst die Abgrenzung zum Themengebiet der Messungenauigkeit, die in jüngerer Zeit wieder verstärkt diskutiert wird [132, 133]. Eine präzise Messtechnik ist unabdingbar, wenn es um die absolute Charakteristik der Streuparameter einer Schaltung geht. Im Falle des Vergleichs mehrerer Schaltungen wird jedoch die Standardabweichung ausgewertet, in welcher der absolute Messfehler aufgrund der Differenzbildung eher eine untergeordnete Bedeutung hat. Stattdessen muss das Augenmerk auf mögliche Fehlerquellen gerichtet sein. Diese sind ebenfalls statistischer Natur, haben jedoch ihren Ursprung nicht in der Toleranz während der Herstellung und spiegeln sich aber dennoch in den Messergebnissen wider.

- **Drift der Messumgebung.** Die Zeit-Invarianz des Messsystems kann nicht vorausgesetzt werden, wenn der manuelle Messvorgang an allen Schaltungen in der Größenordnung von Minuten bis Stunden liegt. Während der Messdauer kann sich die Raumtemperatur und damit die Charakteristik des Messgerätes nebst Zuleitungen ändern. Selbst unter klimatisierten Bedingungen ist mit einer Langzeitdrift zu rechnen.
- **Antastgenauigkeit.** Unter Verwendung von koplanaren Messspitzen werden durch den Bediener Abweichungen zwischen den Messungen eingeführt, die durch den lateralen Versatz im Vergleich zur Sollposition entstehen. Die endgültige Position der Messspitze wird zusätzlich noch über die Andruckkraft beeinflusst, welches ein Schieben bzw. Kratzen in einer Achse bewirkt (engl. *over travel*). Dadurch ändern sich die elektrischen Eigenschaften vom Übergang Messspitze-Substrat bei jedem neuen Antasten. Dieser Fehler durch manuelle Bedienung lässt sich durch eine optisch-gestützte maschinelle Messung stark reduzieren. Oftmals stehen automatisierte Messplätze jedoch nicht zur Verfügung.
- **Abnutzung der Messspitzen.** Insbesondere keramische Substrate mit unpolierter Oberfläche weisen eine nicht unerhebliche Rauigkeit auf, die sich ebenfalls in der Metallisierung widerspiegelt. Hierdurch erfahren die Messspitzen im Vergleich zu sehr glatten Oberflächen eine erhöhte Abnutzung, sodass sich auch in diesem Fall der Übergang zwischen Messspitze und Substrat mit der Zeit ändert.

Alle der genannten Mechanismen sind wie auch die Variationen in der Herstellung statistischen Prozessen unterlegen, die die Messergebnisse verfälschen. Es sind bislang keine Methoden bekannt geworden, die es erlauben, die Messergebnisse um die zusätzlich eingeführten Fehler zu korrigieren. Um dennoch eine Aussage über die Qualität der Messung treffen zu können, wird im Rahmen dieser Arbeit eine Messmethode vorgestellt [111], die in Abbildung 2.3 illustriert ist. Aus einer Anzahl von N Prüflingen wird willkürlich ein Element ausgewählt, welches bis zum Abschluss der Messung als Referenz dient. Der Ablauf wird so festgelegt, dass vor (oder wahlweise auch nach) dem Antasten eines jeden Objektes aus der Gruppe *Daten* das *Referenz*-Objekt charakterisiert wird. Durch die-

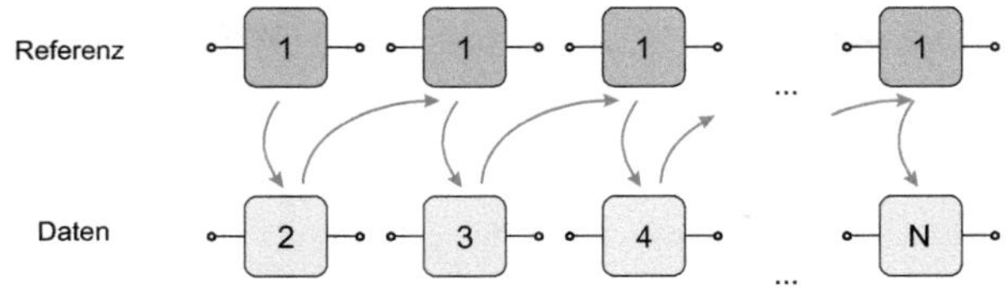

Abbildung 2.3 – Graphische Darstellung des Ablaufs während des Messvorgangs unter Verwendung der Referenzmethode.

ses Verfahren werden je $N-1$ Messkurven *Daten* und die gleiche Anzahl Messkurven *Referenz* generiert.

Aufgrund der Tatsache, dass es sich bei der Referenz immer wieder um denselben Prüfling handelt, gehören alle hierdurch erfassten Streuungen ausschließlich zu den Toleranzen, die durch das Messverfahren hinzugefügt werden. Die derart gewonnenen Daten können zwar nicht direkt zur Kalibrierung, jedoch zu einem Vergleich herangezogen werden. So kann immer dann von einem genügend hohen Auflösungsvermögen der Messtechnik gesprochen werden, wenn die Standardabweichung in den Messkurven der Referenz sehr viel kleiner ist als die Standardabweichung in den Messkurven der übrigen Schaltungen.

2.2 Wiederholgenauigkeit innerhalb eines Prozesses

2.2.1 Planare Schaltung

2.2.1.1 Analyse

Als erste repräsentative planare Schaltung wird ein Bandpassfilter untersucht, dessen Geometrie in Abbildung 2.4 gezeigt ist. Es stützt sich ursprünglich auf zwei gekoppel-

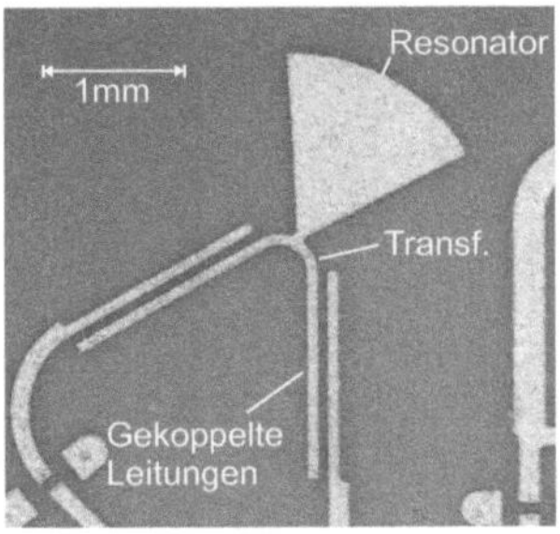

Abbildung 2.4 – Kompaktes Bandpassfilter bestehend aus je zwei gekoppelten Leitungen, Transformatoren und einem radialen Resonator.

te Leitungen, zwei Leitungstransformatoren und eine Stichleitung [134]. Die Anordnung verfügt über eine Nullstelle in der Transmission, die oberhalb oder unterhalb des Durchlassbereiches gelegt werden kann. Durch Hinzufügen einer zweiten Stichleitung können zwei Nullstellen erzeugt werden [135]. Wird anstelle der Stichleitung ein radialer Resonator verwendet, erhöht sich die Dämpfung im Sperrbereich um etwa 15 dB [111]. Durch Kombination zweier elementarer Strukturen kann eine Dämpfung von mehr als 75 dB in der Nullstelle erreicht werden [136].

Das Hauptaugenmerk der Analyse dieser Struktur liegt in der Präzision der gedruckten Auflösung. In [137] wurden bereits einige Untersuchungen zu Bandpassfiltern veröffentlicht, die mit verschiedenen technologischen Verfahren hergestellt wurden - unter anderem auch durch geätzte Oberflächen. Hier soll ausschließlich die im Siebdruck hinzugefügte Toleranz betrachtet werden, da es sich bei diesem Verfahren um eine Standardmethode in der LTCC-Herstellung handelt.

Um die Streuung in den gemessenen Streuparameter zu quantifizieren, werden die Messwerte von zehn Strukturen gemäß Abbildung 2.5 aufbereitet. Die mit *ADS* simulierten Verläufe zeigen eine akzeptable Übereinstimmung. Es sind nicht nur die Beträge der Streuparameter gezeigt, sondern auch deren Phase nebst Standardabweichungen. Werden die Messungen unter Anwendung der Referenzmethode durchgeführt, so ergeben sich für jeden Größe zwei Messkurven. Die Kurven der Referenz weisen über weite Frequenzbereiche einen deutlichen Abstand zu den Daten auf, sodass hier die Herstellungsschwankungen ausreichend genau aufgelöst werden. Die Standardabweichung der Transmission beträgt im Durchlassbereich weniger als 0,1 dB und 3°. Aufgrund der hohen Dämpfung im Sperrbereich streut der Betrag der Streuparameter hier stärker, allerdings um weniger als 1 dB über einen großen Bereich. Die Anpassung im Durchlassbereich streut um weniger als 2 dB und um weniger als 0,1 dB bzw. 2° über weite Teile des Sperrbereiches.

Das Ergebnis der Messung ist zum Vergleich zusammen mit dem Ergebnis der Monte-Carlo-Analyse in Abbildung 2.6 für die Streuparameter-Beträge dargestellt. Für die drei Toleranzgrade werden jeweils 25 Strukturen berechnet, in denen das Druckbild, die Permittivität und die Substrathöhe mit den in Tabelle 1 gegebenen Werten der Standardabweichungen beaufschlagt werden. Das Modell verfügt insgesamt über 19 Freiheitsgrade für zufällige Eingangsgrößen. In allen vier Graphen ist der Durchlassbereich um 20 GHz zu erkennen. Die in der Messung sichtbare Streuung stimmt mit der in der Simulation angenommenen Abweichung für σ_1 am besten überein. Erwartungsgemäß zeigen die Simulationen, dass mit steigender Standardabweichung auch die Variation in den Streuparametern größer wird. Daraus lässt sich folgern, dass das Simulationsprogramm *Microwave Studio* in der Lage ist, die feinen Unterschiede zwischen den Strukturen aufzulösen. Es zeigt sich außerdem, dass das Filter mit allen drei Parametersätzen akzeptable Eigenschaften aufweist, jedoch bereits für σ_2 größere Fehlanpassungen im Durchlassbereich zu erwarten sind.

Da die Mechanismen der Toleranzen unabhängige Größen sind, kann deren individueller Einfluss in der Simulation genauer untersucht werden. Hierzu wird nur die zu interessierende Größe (zum Beispiel nur Schwankungen im Druckbild) zufällig manipuliert, während die übrigen Größen auf den Mittelwert festgelegt sind. Für jeden Mechanismus wird so eine Monte-Carlo-Analyse durchgeführt und alle Ergebnisse miteinander verglichen, wie es in Abbildung 2.7 gezeigt ist. Für die Simulation wird der Parametersatz σ_2 ausgewählt. Um die Informationen der Phase und des Betrags gleichzeitig zu erfas-

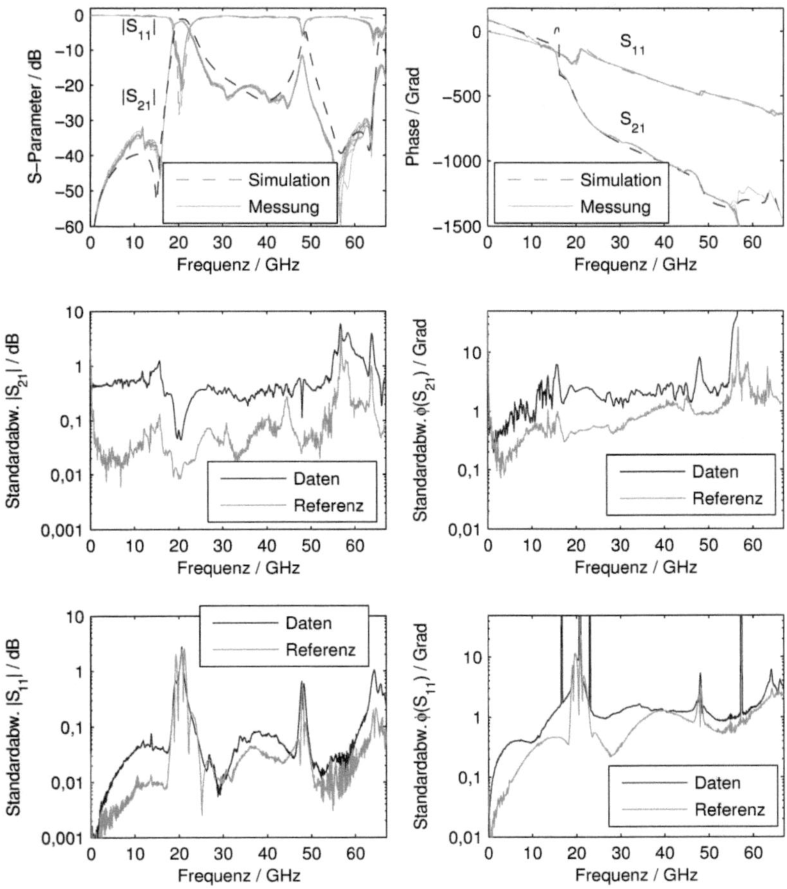

Abbildung 2.5 – Messung (10 Proben) und Simulation (ADS) einer planaren Filterstruktur mit Standardabweichungen der Streuparameter.

sen, wird hier die Standardabweichung der komplexen Streuparameter im logarithmischen Maßstab gebildet. Sie beschreibt den Abstand zum Mittelwert einzelner Frequenzpunkte in der komplexen Ebene. Die Studie zeigt, dass für die planare Filterstruktur die Präzision des Drucks entscheidend ist, sowohl in der Transmission als auch in der Reflexion. Größere Schwankungen treten im Durchlassbereich und bei den Frequenzen der Resonanzen auf.

In einer letzten Analyse soll noch der Vergleich zwischen Messung und Monte-Carlo-

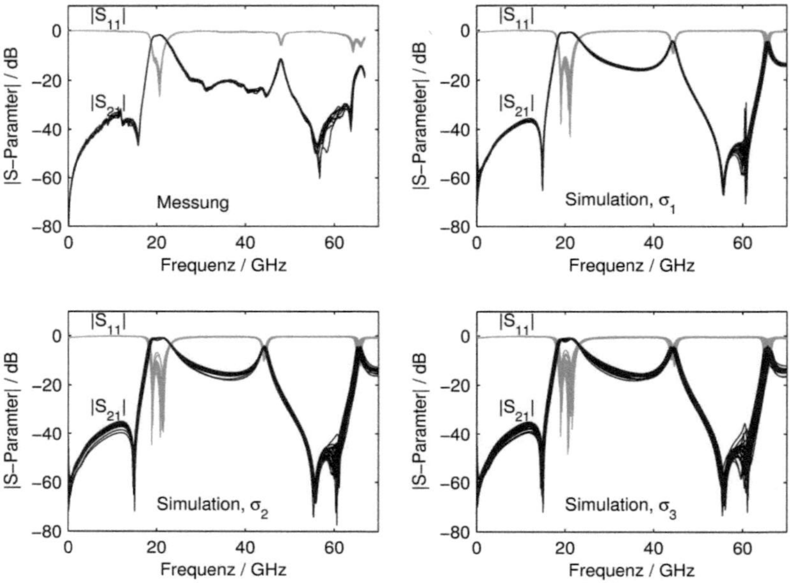

Abbildung 2.6 – Messung (10 Proben) und Monte-Carlo-Simulation mit *Microwave Studio* (je 25 Proben) eines planaren Filters.

Simulation erfolgen. Aus dem Vergleich können Rückschlüsse gezogen werden, in wie weit die aufgestellten Parametersätze realistisch sind. Zur Analyse der Daten wird wieder die komplexe Standardabweichung gebildet. Diese Größe ist für Messung und Simulation in Abbildung 2.8 gezeigt. Es ist hieraus ersichtlich, dass die simulierte Standardabweichung für die Größe S_{11} leicht oberhalb der gemessenen Kurve verläuft. Eine bessere Übereinstimmung ist allerdings in der Transmission zu erkennen. Insbesondere im Durchlassbereich deckt sich die gemessene Streuung mit den Daten der Simulation für σ_1 gut. Als mögliche Ursache kommen Streuungen in den Verlusten der Materialien in Frage, die in der Monte-Carlo-Analyse nicht variiert worden sind.

2.2.1.2 Bewertung

Die repräsentative planare Schaltung eines Bandpass-Filters zeigt, dass drei Mechanismen Auswirkungen auf die Streuparameter haben. Es dominiert die Toleranz im Druck. In der Reflexion und Transmission sind die höchsten Abweichungen im Bereich des Durchlasses zu verzeichnen. Die Monte-Carlo-Analyse zeigt, dass diese Struktur mit den Parametersätzen σ_1 und σ_2 akzeptable Ergebnisse liefert, der Herstellungsprozess in weiten

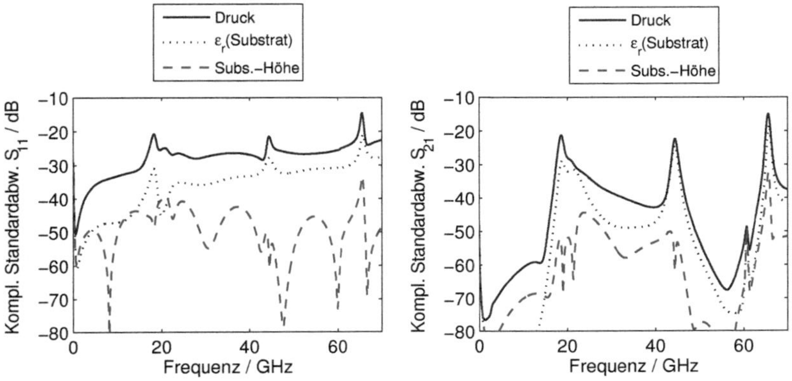

Abbildung 2.7 – Simulation (*Microwave Studio*) des Einflusses der Toleranzmechanismen auf die komplexe Variation der Streuparameter des planaren Filters unter Annahme des Parametersatzes σ_2. Die Reihenfolge in den Legenden gibt die Signifikanz wieder.

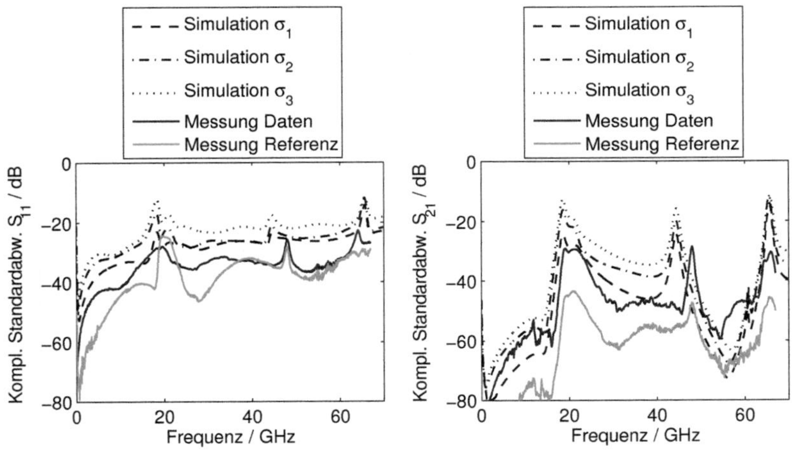

Abbildung 2.8 – Vergleich der komplexen Standardabweichung anhand des planaren Filters in Simulation (*Microwave Studio*) und Messung.

Bereichen geringere Streuungen als σ_1 aufweist. Die Herstellung planarer Strukturen mit vergleichbarer oder geringerer Komplexität ist mit diesem Prozess als sicher einzustufen.

2.2.2 Vergrabene Schaltung mit Materialeinschluss

2.2.2.1 Analyse

Als zweite Struktur wird eine vergrabene Schaltung analysiert, die ein gedrucktes Dielektrikum enthält. Das bereits aus Kapitel 1.2.1 bekannte Filter zur galvanischen Entkopplung gehört zu dieser Art Schaltungen und wird im nachfolgenden Abschnitt auf den Einfluss von Herstellungstoleranzen untersucht.

Eine Analyse der Mess- und Simulationsdaten ist in Abbildung 2.9 gezeigt. Die Ergebnisse der numerischen Berechnung mittels *Microwave Studio* stimmen bis etwa 40 GHz weitgehend mit den gemessenen Kurven überein. Darüber sind leichte Unterschiede in dem Betrag der Eingangsreflexion zu erkennen. Die Referenzmethode zeigt, dass die Kurve der Gruppe *Daten* wieder über der Kurve *Referenz* liegt. In der Transmission verlaufen beide Kurven jedoch bereits sehr dicht beieinander. Bei 20 GHz beträgt die Standardabweichung im Betrag weniger als 0,03 dB und in der Phase weniger als 0,5°. In der Reflexion fallen diese Werte aufgrund des niedrigeren absoluten Niveaus größer aus, betragen jedoch weniger als 0,7 dB bzw. 2° bei 20 GHz.

In Abbildung 2.10 sind die Streuparameter-Beträge von Messung und Monte-Carlo-Simulation gezeigt. Aus Tabelle 1 ist ersichtlich, dass für diese Struktur deutlich mehr Mechanismen auf die elektrische Funktion Einfluss nehmen, als es für das planare Filter der Fall ist. So sind neben dem gedruckten Dielektrikum auch Vias involviert, die vertikale Verbindungen der Struktur über vier dielektrische Lagen realisieren. Das Simulationsmodell verfügt bereits über 99 Freiheitsgrade für zufällige Eingangsgrößen.

Eine erste qualitative Beurteilung zeigt, dass der Parametersatz σ_1 die Herstellungstoleranzen in adäquater Form widerspiegelt. Dies gilt sowohl für die Streubreite in der Amplitude als auch für die Streuung der Resonanzfrequenz bei 37 GHz. Für höhere Grade σ_2 und σ_3 werden auch die Abweichungen in den Streuparametern deutlich größer. Dies ist insbesondere für die Eingangsreflexion sichtbar. Dennoch würde ein Prozess selbst mit dem höchsten hier betrachteten Grad σ_3 noch eine funktionierende Schaltung ergeben.

Der Einfluss verschiedener Mechanismen in der Simulation ist in Form der komplexen Standardabweichung in Abbildung 2.11 gezeigt. Es zeigt sich, dass die Höhe des Einschlusses neben der Abbilde-Genauigkeit des Drucks den größten Einfluss hat. Daneben spielen in der Transmission auch die Lage-Lage-Anordnung und die Permittivität des Substrates eine Rolle. Alle übrigen Mechanismen tragen in untergeordneter Weise zu Schwankungen der elektrischen Funktion bei. Um wieder den Vergleich zwischen Monte-Carlo-Analyse und Messungen zu ermöglichen, wird die komplexe Standardabweichung beider Parametersätze verglichen. Diese Größe ist für Reflexion und Transmission in Abbildung 2.12 dargestellt. Insbesondere ist für die Größe S_{11} die Übereinstimmung zwischen Messung und Parametersatz σ_1 noch einmal verdeutlicht. Verlaufen die Kurven bis zur ersten Resonanzfrequenz knapp unterhalb von 40 GHz nahezu deckungsgleich, so ergibt es oberhalb dieser Marke eine bessere Übereinstimmung mit dem Parametersatz σ_2, also mit höheren Streuungen der einzelnen Mechanismen. Für die Transmission liegt die Messkurve etwa zwischen den Sätzen σ_1 und σ_2.

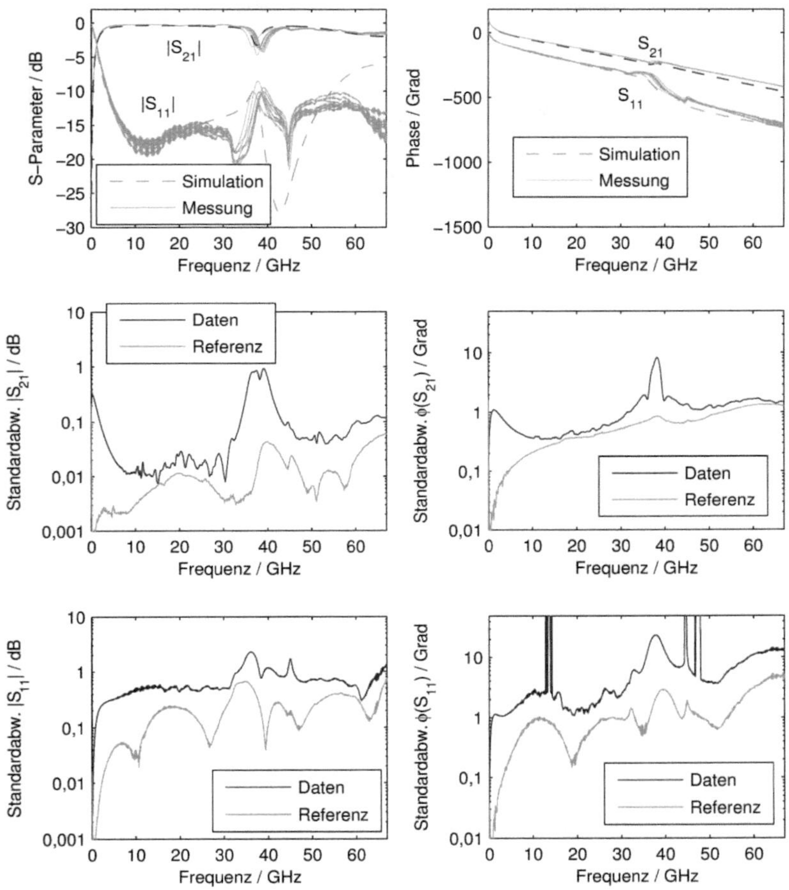

Abbildung 2.9 – Messung (10 Proben) und Simulation (*Microwave Studio*) einer Schaltung mit Materialeinschluss mit Standardabweichungen der Streuparameter.

2.2.2.2 Bewertung

Die Analyse dieser Schaltung zeigt, dass zehn Mechanismen Auswirkungen auf die elektrische Funktion haben. Vergleichbar dominant sind Änderungen in der Höhe des dielektrischen Einschlusses sowie die Toleranzen im Druck. In der Funktion einer galvanischen Entkopplung dürften die Werte der Schwankungen nur sehr geringe Auswirkungen auf

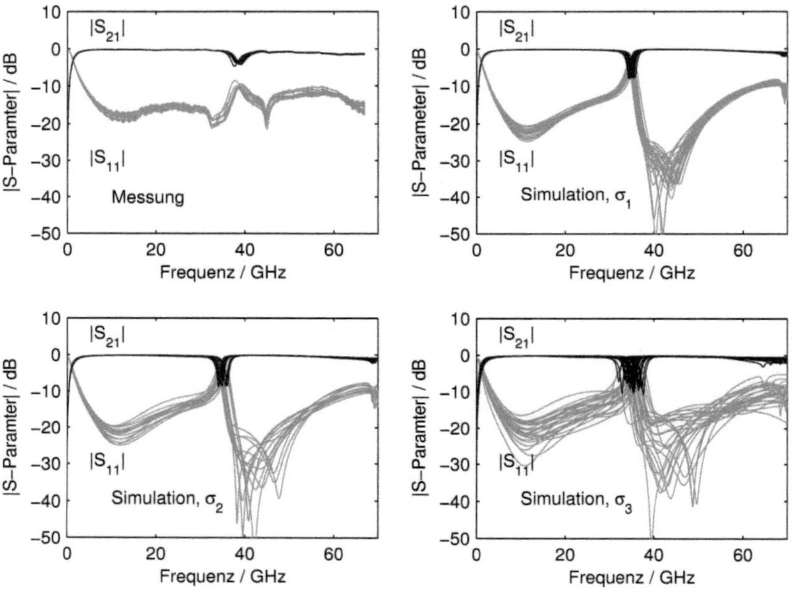

Abbildung 2.10 – Messung (10 Proben) und Monte-Carlo-Simulation mit *Microwave Studio* (je 25 Proben) einer vergrabenen Schaltung mit Materialeinschluss.

das Gesamt-Verhalten einer Komponente oder eines Systems haben. Die Monte-Carlo-Analyse zeigt, dass Schaltungen selbst bei Streuungen mit dem Parametersatz σ_3 noch brauchbare Ergebnisse liefern. Der Herstellungsprozess ist zum Vergleich im Bereich σ_1-σ_2 einzuordnen. Die Herstellung dieser Schaltung ist als sehr sicher einzustufen.

2.2.3 Vertikale Schaltung

2.2.3.1 Analyse

Als dritte Schaltung wird das vertikale Filter zur Gleichspannungsversorgung mit einem Durchmesser von D=1,5 mm und einer Windung herangezogen, wie es in Kapitel 1.2.2 erarbeitet wurde. Es besitzt in der einfachen Ausführung keinen Materialeinschluss, erstreckt sich jedoch über sechs Lagen und ist der Anordnungsgenauigkeit des Mehrlagenaufbaus in erhöhtem Maße ausgesetzt.

Die gemessenen Streuparameter von zehn vertikalen Filterstrukturen sind in Abbildung 2.13 zusammen mit den simulierten Verläufe aus *Microwave Studio* dargestellt. In der bereits bekannten Darstellungsform sind ebenfalls die Standardabweichungen in Phase

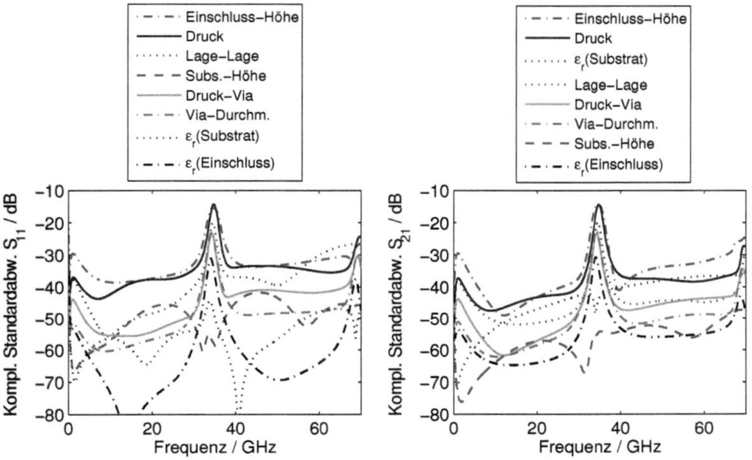

Abbildung 2.11 – Simulation (*Microwave Studio*) des Einflusses der Toleranzmechanismen auf die komplexe Variation der Streuparameter der vergrabenen Schaltung mit Materialeinschluss unter Annahme des Parametersatzes σ_2. Die Reihenfolge in den Legenden gibt die Signifikanz wider.

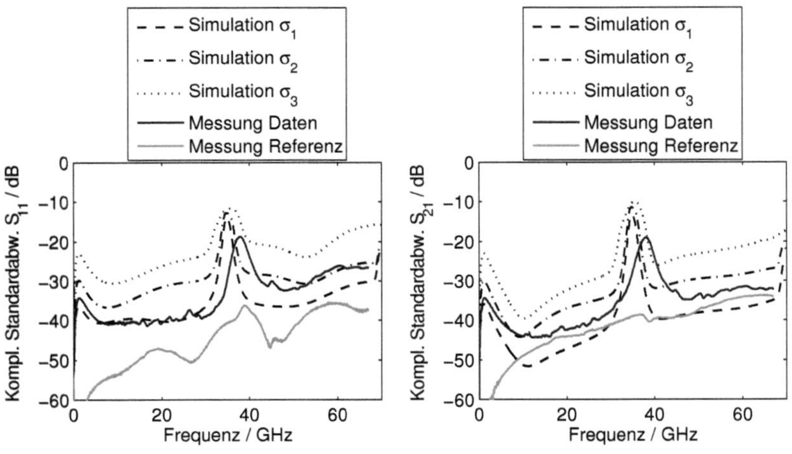

Abbildung 2.12 – Vergleich der komplexen Standardabweichung anhand der vergrabenen Schaltung mit Materialeinschluss in Simulation (*Microwave Studio*) und Messung.

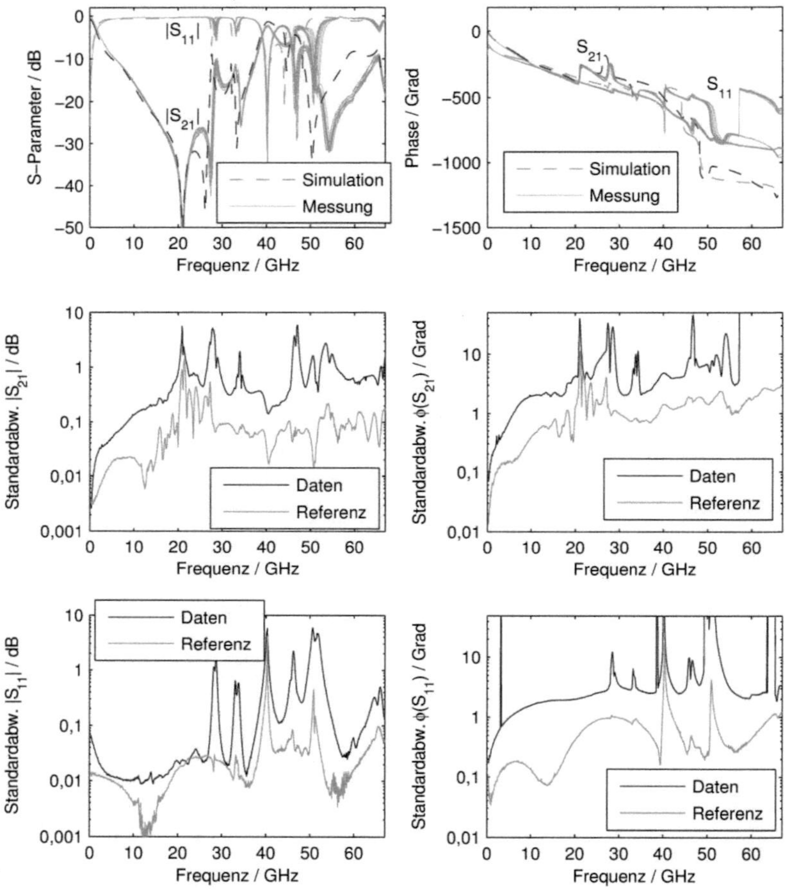

Abbildung 2.13 – Messung (10 Proben) und Simulation (HFSS) einer vertikalen Filterstruktur mit Standardabweichungen der Streuparameter.

und Amplitude unter Anwendung der Referenzmethode abgebildet. Die Abweichungen zeigen, dass die Variationen im Bereich der Resonanzen groß ist und diese deshalb in einer Schaltung nicht unmittelbar für die Funktionalität eine Rolle spielen sollten. Für die Anwendung als Tiefpassfilter zur Gleichspannungsversorgung bei 20 GHz zeigt die Reflexion besonders günstige Eigenschaften mit einer Streuung in der Amplitude von weniger als 0,03 dB und in der Phase von weniger als 2°.

In Abbildung 2.14 sind die Streuparameter aus Messung und Monte-Carlo-Simulation der vertikalen Struktur gezeigt. Durch die vergleichsweise komplexe Struktur werden im

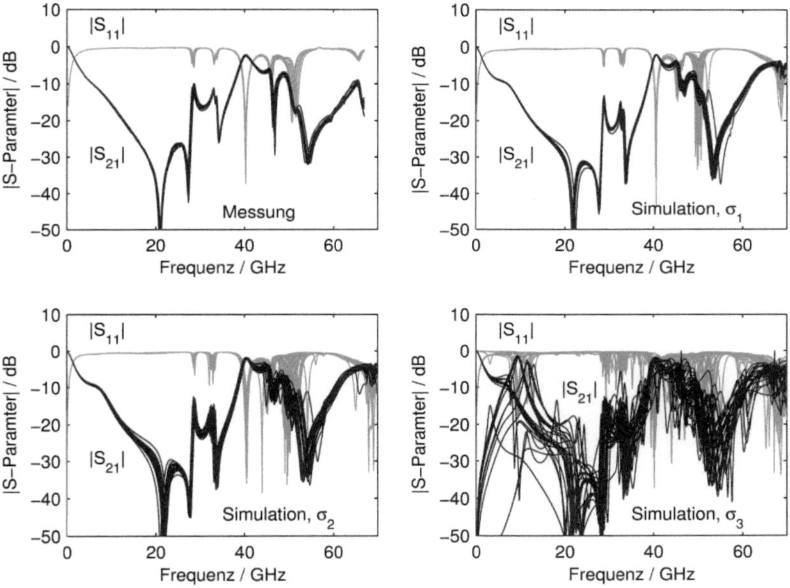

Abbildung 2.14 – Messung (10 Proben) und Monte-Carlo-Simulation mit Microwave Studio (je 25 Proben) einer vertikalen Schaltung.

Simulationsmodell 186 Parameter benötigt, die zufällig variiert werden. Den Streubreiten nach ergibt sich wieder eine Übereinstimmung zwischen den Messungen und dem Parametersatz σ_1. Auch die zu höheren Frequenzen zunehmende Streuung ist in der Simulation deutlich erkennbar. Während der Parametersatz σ_2 noch elektrisch funktionsfähige Schaltungen liefert, so sind für σ_3 insbesondere bei niedrigen Frequenzen eine Änderung der Charakteristik sichtbar. So führt die Verschiebung der vertikalen Durchführungen und der Vias in der Schirmung zu Kurzschlüssen, die die Struktur unbrauchbar machen. Der Anteil dieses Fehlers liegt hier bei etwa 50%. Dieses Verhalten ist eine Besonderheit der anspruchsvollen vertikalen Anordnung, jedoch kein allgemein gültiges Merkmal vertikaler Strukturen.

Zur Aufschlüsselung der einzelnen Mechanismen werden in der Simulation wieder alle Abhängigkeiten separat untersucht, siehe Abbildung 2.15. Die Signifikanz der Mechanismen ist für Transmission und Reflexion ähnlich. Die Druck-Präzision hat auch hier den größten Einfluss auf das Ergebnis. Insbesondere ist dieser Mechanismus für die Reflexion dominant, wirkt jedoch hauptsächlich auf die Phase.

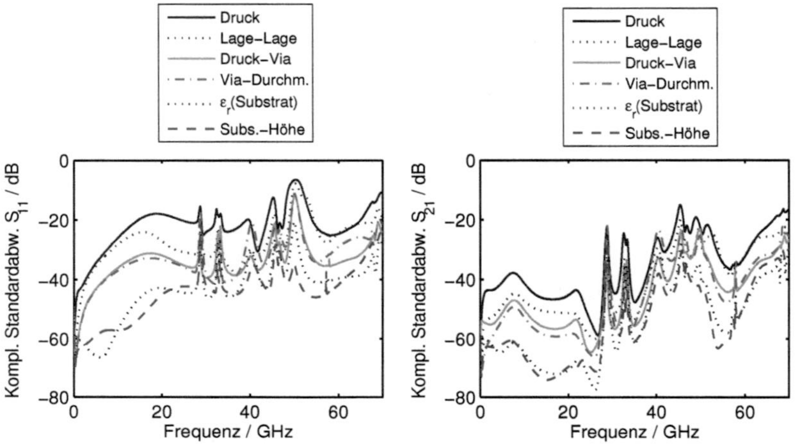

Abbildung 2.15 – Simulation (*Microwave Studio*) des Einflusses der Toleranzmechanismen auf die komplexe Variation der Streuparameter des vertikalen Filters unter Annahme des Parametersatzes σ_2. Die Reihenfolge in den Legenden gibt die Signifikanz wider.

Der quantitative Vergleich zwischen Messung und Monte-Carlo-Simulation ist in Abbildung 2.16 dargestellt. Für diese vertikale Geometrie ist die beste quantitative Übereinstimmung zwischen Messung und Simulation unter Verwendung des Parametersatzes σ_1 gegeben. Dies gilt auch noch bis zur höchsten gemessenen Frequenz von 67 GHz. Eine ebenfalls gute Übereinstimmung zwischen der Simulation unter Annahme des Satzes σ_1 und der Messung ist auch in der Transmission bis etwa 20 GHz sowie ab etwa 40 GHz zu erkennen. Im Frequenzbereich dazwischen ist dagegen eine Übereinstimmung mit σ_2 zu entnehmen.

2.2.3.2 Bewertung

Die Analyse dieser vertikalen Schaltung zeigt, dass von sechs verschiedenen Toleranzmechanismen die Druckpräzision sowie Lage-zu-Lage-Anordnung den entscheidenden Einfluss haben. Nennenswerte Schwankungen sind im Bereich der parasitären Resonanzen ab etwa 27 GHz zu beobachten. Bei einer Betriebsfrequenz von 20 GHz sind lediglich geringe Streuungen in der Phase festzustellen, die für die Anwendung als Speisenetzwerk nicht von Bedeutung sind. Die Monte-Carlo-Analyse ergibt, dass unter Verwendung des Parametersatzes σ_3 ein erheblicher Anteil an Schaltungen unbrauchbar wäre. Die Ausfälle sind auf die Mechanismen Lage-Lage in Kombination mit Druck-Via zurückzuführen. Der Herstellungsprozess zeigt Schwankungen im Bereich von σ_1. Es kann daher von einer ausreichenden Sicherheit für die Herstellung dieses Schaltungstyps ausgegangen werden.

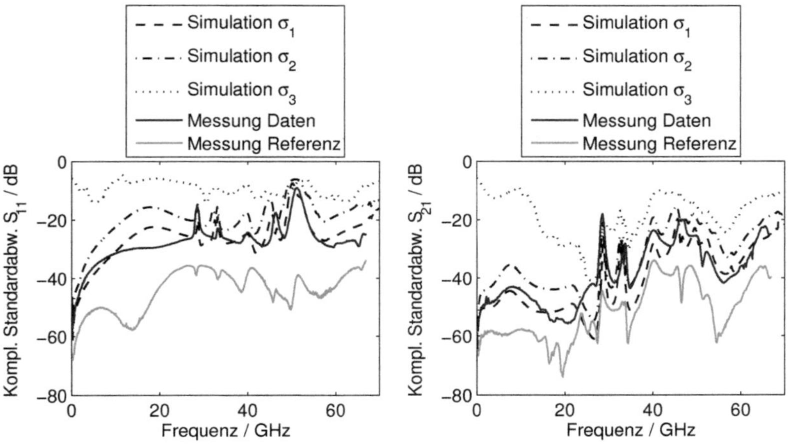

Abbildung 2.16 – Vergleich der komplexen Standardabweichung anhand des vertikalen Filters in Simulation (*Microwave Studio*) und Messung.

2.3 Wiederholgenauigkeit zwischen Prozessen

Abschließend soll im Rahmen dieser Studie die Wiederholbarkeit der Herstellung einer Schaltung untersucht werden. Diese Betrachtung ist insofern für die Entwurfssicherheit von Bedeutung, da sie eine Aussage darüber geben kann, wie zuverlässig die gleichen hybriden Schaltungen oder Systeme immer wieder gefertigt werden können.

Verantwortlich für die Schwankungen, die von Charge zu Charge auftreten, sind sich ändernde Randbedingungen in der Fertigung. Dazu gehört unter anderem die Herstellung der keramischen Folien im ungebrannten Zustand. Sie werden vom Hersteller aus einer größeren Rohmasse gezogen, die vollständig verarbeitet wird, bevor neues Ausgangsmaterial angesetzt wird. So kommt es trotz enger Fertigungskontrolle dazu, dass die Schrumpfung eines Systems vom gleichen Hersteller sich im Laufe der Zeit ändert [138]. Ebenso wie sich mit die Schrumpfung die Abmessungen des Gesamtnutzens ändern, so ändern sich auch die geometrischen Abmessungen einer Schaltung und damit ihr elektrisches Verhalten. Letztlich kann nicht davon ausgegangen werden, dass bedingt durch wechselndes Bedienpersonal sowie Austausch von Maschinen und Werkzeug immer das gleiche Ergebnis erzielt wird.

Um die Konstanz des im Rahmen dieser Arbeit eingesetzten Herstellungsprozesses bewerten zu können, werden drei verschiedene Chargen der vertikalen Filterschaltung untersucht, wobei jeweils mindestens zehn Exemplare pro Charge zur Verfügung stehen. Zwischen den Chargen liegen Fertigungszeiträume von mehreren Monaten. Werden alle Schaltungen, wie in diesem Falle, erst nach Fertigstellung der dritten Charge einer messtechnischen Charakterisierung unterzogen, so kann mit derselben Kalibrierung gemessen werden. Dadurch wird der Einfluss der potentiellen Fehlerquelle durch erneute Kalibrierung eliminiert.

Das Ergebnis der Untersuchung ist in Abbildung 2.17 in Form der gemittelten Beträge der Streuparameter dargestellt. Es wird deutlich, dass der verwendete Prozess die gleiche

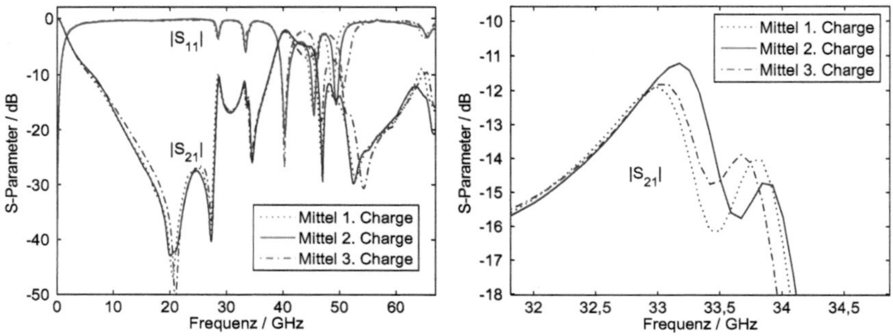

(a) Breitbandige Messung (b) Ausgewählter Frequenzbereich

Abbildung 2.17 – Gemessene mittlere Streuparameter des vertikalen Speisenetzwerkes aus drei Chargen mit Abständen zwischen den Fertigungszeiträumen von einigen Monaten.

Schaltung mit hoher Wiederholgenauigkeit abbildet. Dieses ist insbesondere im Frequenzbereich bis etwa 40 GHz sichtbar, wo lediglich die Ausprägung der Resonanzen leicht unterschiedlich ist. Bei Betrachtung des Ausschnittes in Abbildung 2.17(b) zeigt sich, dass die Resonanzen, die von den Moden der zirkularen Plattenanordnung herrühren (siehe Kapitel 1), um ca. 100 MHz verschoben sind. Bei den Frequenzen oberhalb von 40 GHz sind jedoch stärkere Abweichungen festzustellen, da aufgrund der kürzeren Wellenlängen das räumliche Auflösungsvermögen deutlich besser wird und so auch kleinere physikalische Änderungen in der Geometrie Auswirkungen haben. Insgesamt werden die Abweichungen im Bereich von 40 bis 67 GHz zumindest für Schaltungen bei Betriebsfrequenzen um die 20 GHz relativ geringe Auswirkungen haben, wenn von einem kleinen Oberwellenanteil ausgegangen werden kann.

2.4 Fazit

Die Toleranzanalyse hat gezeigt, dass die drei repräsentativen Schaltungen mit dem verwendeten Prozess sicher hergestellt werden können. In allen drei Fällen ist durch Simulation gezeigt worden, dass die Parametersätze σ_1 und σ_2 zu tolerablen Schwankungen in den Streuparamtern führen. Der Herstellungsprozess führt zu Variationen, die weitgehend vergleichbar zu den Simulationen mit Parametersatz σ_1 sind. Die Berechnungen zeigen, dass die Präzision des Druckes einen entscheidenden Einfluss auf die gesamte Streuung hat, unabhängig vom Typ und Aufbau der Schaltung. In der Erhöhung der

Abbilde-Genauigkeit des Siebdrucks liegt folglich das größte Potential für Verbesserung des gesamten Schaltungsverhaltens.

Anhand der vertikalen Schaltung zur Gleichspannungsversorgung ist gezeigt worden, dass eine komplexe Struktur in drei Technologie-Durchläufen sehr ähnliche Ergebnisse aufweist. In Hinblick auf Komponenten und Systeme kann davon ausgegangen werden, dass auch für sehr komplexe Anordnungen die keramischen Schaltungsanteile relativ gleichbleibende Eigenschaften haben. Dadurch kann ein sonst eventuell notwendiger Abgleich entfallen.

Es sollte an dieser Stelle stellvertretend für alle drei Simulationsexperimente angemerkt sein, dass eine Übereinstimmung zwischen Monte-Carlo-Simulation und Messung kein Beleg für die Exaktheit aller aufgestellten Parameter sein kann. Insbesondere für Strukturen, in denen einige Mechanismen einen dominanten Einfluss auf die Streuung der elektrischen Funktion haben, werden die weniger ausgeprägten Mechanismen maskiert. Daher können mit den bislang durchgeführten Untersuchungen nur die Streuung von artverwandten Strukturen im Voraus simuliert werden. Für eine erste Abschätzung können die nicht signifikant eingehenden Mechanismen vernachlässigt werden. Für alle übrigen Geometrien ist eine Toleranzanalyse in vollem Umfang und gestützt durch Messungen jedoch unerlässlich.

3 Gehäuse und Schnittstellen

3.1 Gehäusetechnik

Das Gehäuse einer elektronischen Schaltung hat mehrere Funktionen zu erfüllen. Mit ihm werden nicht nur die elektrischen Schnittstellen definiert, sondern auch gleichzeitig die mechanischen und thermischen Übergänge festgelegt. Zusätzlich schützt es durch geeignete Kapselung die elektronischen Komponenten im Inneren vor Umwelteinflüssen wie zum Beispiel Feuchtigkeit, Gasen und elektromagnetischer Strahlung. In diesem Abschnitt wird ein Modulkonzept für das Substratsystem LTCC entwickelt, welches einige Vorzüge gegenüber bekannten Varianten aufweist. Darauf aufbauend werden die Schnittstellen zwischen Halbleiter und Keramik (engl. *1st-level interconnect*) sowie zwischen Keramik und Trägersubstrat (engl. *2nd-level interconnect*) analysiert und qualifiziert.

3.1.1 Bekannte Konzepte

In der Literatur sind bislang drei wesentliche Modulkonzepte bekannt. In Abbildung 3.1(a) ist eine Variante gezeigt, wie sie seit den Anfängen der LTCC-Technologie in der militärischen Funktechnik sowie in der Satellitenkommunikation Anwendung findet. Die Mehrlagen-Keramik beherbergt üblicherweise mehrere integrierte Schaltkreise, die selbst über kein Gehäuse verfügen. Sie werden in Vertiefungen eingeklebt oder auch eingelötet und mit der Keramik über Bonddrähte verbunden [139, 140]. Zur Steigerung der moderaten Wärmeleitfähigkeit der LTCC von etwa 3 W/m·K werden thermische Vias integriert, sodass lokal Werte von über 250 W/m·K erreicht werden können [141]. Im Substrat werden passive Strukturen wie Übergänge oder Filter planar an der Oberfläche [142] oder auch vergraben [143, 144] untergebracht. In [145] sind HF-Durchführungen unter hermetischen Rahmen eingehend analysiert worden. Diese erlauben eine Übertragung mit geringen Verlusten bis wenigstens 30 GHz. Die gekapselte Schaltung wird auf einem Baugruppenträger mit angepasster mechanischer Ausdehnung zusammen mit anderen Modulen aufgebracht und über Bonddrähte verbunden. Um Aufwand und Herstellungskosten zu minimieren, werden möglichst viele *Chips* in einem Gehäuse integriert, sodass derartige Module einen ausgeprägten Systemcharakter haben.

Bei den preissensitiven Märkten mit hohen Stückzahlen wie in der Mobiltelekommunikation findet der in Abbildung 3.1(b) gezeigte Aufbau Anwendung. Halbleiter und diskrete Bauteile befinden sich an der Oberfläche geschützt unter einer Polymerkapselung. Thermische Vias durch Keramik und Trägersubstrat ermöglichen den Wärmefluss bis hin zur Wärmesenke [146, 147]. Innerhalb der Mehrlagen-Struktur werden Filter integriert, die vornehmlich aus konzentrierten Elementen bestehen. Aus Gründen der einfachen Bestückung sind die thermischen und elektrischen Kontakte zwischen Modul und

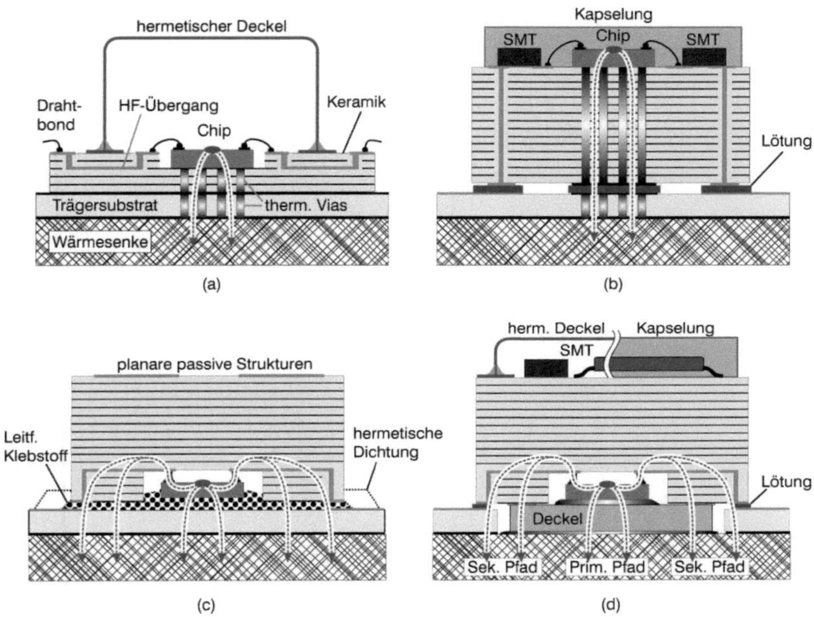

Abbildung 3.1 – Modulkonzepte auf Basis von LTCC-Mehrlagensubstraten. (a) Mit thermischen *Vias*, hermetischem Deckel und Drahtbond-Anbindung [139,140,149]. (b) Mit thermischen Vias, Polymerkapselung und gelöteten Anschlüssen [146, 147, 150]. (c) Mit anisotrop leitfähigem Klebstoff zur Kühlung und elektrischer Kontaktierung [67, 148]. (d) Im Rahmen dieser Arbeit entwickeltes Konzept mit hermetischer Kapselung und lötbaren Kontakten [151, 152].

Träger durch Lötverbindungen sichergestellt. Auch bei diesem Aufbau ist ein Systemcharakter zu verzeichnen.

Ein drittes Konzept wurde in [67, 148] vorgestellt und ist in Abbildung 3.1(c) skizziert. Der Halbleiter wird per *Flip-Chip*-Technik in eine Kavität auf der Unterseite des Moduls eingebracht. Diese Verbindungstechnik weist Vorteile gegenüber der herkömmlichen Drahtbondtechnik auf. So ist für einen Bonddraht eine Anpassung von weniger als -10 dB zu erwarten, wenn der Draht eine Länge von $0{,}033\,\lambda$ überschreitet [153]. Verantwortlich hierfür ist die dem Bonddraht anhaftende Serieninduktivität. Diese parasitäre Größe kann durch die nur wenige 10 µm hohen Goldkugeln des *Flip-Chip*-Aufbaus deutlich reduziert werden. Damit ist ein Betrieb bis wenigstens 110 GHz möglich [153, 154].

Das LTCC-Modul wird auf die Leiterplatte mittels anisotrop leitfähigem Klebstoff (engl. *ACA- anisotropic conductive adhesive*) aufgebracht. Dadurch werden keine *Vias* zur Kühlung des *Chips* benötigt, weshalb die Lagen an der Oberfläche und im Inneren zur passiven Integration genutzt werden können.

Ein Nachteil des zuvor diskutierten Modulkonzeptes aus Abbildung 3.1(c) ist der hohe thermische Widerstand bedingt durch die geringe thermische Leitfähigkeit des Klebefilms von 0,5 W/m·K [155]. So lässt sich die maximal zulässige Verlustleistung im Modul zu etwa $P_{V,max} = 300\,mW$ abschätzen. Vorausgesetzt ist dabei ein spezifiziertes Temperatur-Interval der Umgebung von $T_{Umg} = -40$ und $+85\,°C$ und einer zulässigen Betriebstemperatur des Halbleiters von $T_{Chip,max} = +125\,°C$. Eine Hermetisierung des Moduls zum Substrat wie in der Skizze wird in [67] zwar vorgeschlagen, jedoch sind bislang keine Ausführungen zur technischen Realisierung bekannt geworden.

3.1.2 Modulaufbau mit verbesserter Wärmeabfuhr

Das im Rahmen dieser Arbeit entwickelte Konzept ist in Abbildung 3.1(d) dargestellt. Es baut auf dem *Flip-Chip*-Ansatz mit einer der Substratseite zugewandten Kavität auf, wodurch wie in Ausführung (c) passive Strukturen im Inneren der Keramik realisiert werden können [151, 152]. Vergleichbar mit Ansatz (a) wird die Vertiefung mit einem Deckel hermetisch verschlossen, der in dieser Variante jedoch in einem Ausschnitt des Trägersubstrates untergebracht wird. Durch diese Maßnahme verringert sich die thermische Impedanz im primären Wärmepfad erheblich. Dies gilt allerdings nur unter der Voraussetzung, dass der Raum zwischen Halbleiter-Deckel und Deckel-Wärmesenke mit geeignetem Material verfüllt wird. Ein weiterer Verschluss kann von der Oberseite durch einen hermetischen Deckel wie in (a) oder durch eine Polymerkapselung wie in (b) erfolgen, insofern diese Maßnahme notwendig ist. Aus Konzept (b) werden die gelöteten Übergänge zum Substrat verwendet, da diese einen zusätzlichen Wärmefluss ermöglichen. Es sind somit alle Vorzüge der bekannten Konzepte (a)-(c) in der hier vorgestellten Weise (d) vereint.

Abbildung 3.2 zeigt das thermische Ersatzschaltbild für den eingeschwungenen Zustand des entwickelten Moduls. Mit Hilfe der spezifischen thermischen Leitfähigkeiten und der geometrischen Abmessungen werden die thermischen Widerstände abgeschätzt. Die thermische Stromquelle (I_{TH}) in der Ersatzschaltung spiegelt die integralen Wärmeverluste der Halbleiterschaltung wider. Sie treibt einen Wärmestrom durch zwei thermisch parallel geschaltete Zweige. Der primäre Pfad (siehe Abbildung 3.1(d)) führt von der Oberseite des *Chips* durch das Halbleiter-Substrat aus Gallium-Arsenid über die zwischen *Chip* und Deckel eingebrachte Wärmeleitpaste zum hermetischen Deckel. Von der Unterseite des Verschlusses wird der Fluss durch eine Schicht Wärmeleitpaste weiter an die Wärmesenke abgeleitet. Der sekundäre Pfad hingegen führt horizontal durch das Halbleitermaterial über die Gold-Kugeln der *Flip-Chip*-Verbindung zur Keramik. An dieser Stelle teilt sich der Wärmefluss. Es fließt ein Teil über den Deckel und ein weiterer Teil über das Trägersubstrat zur Wärmesenke. Durch die geringe Leitfähigkeit des Trägersubstrates dominiert der Fluss über den Deckel. In der Realität existiert noch ein tertiärer Pfad - Wärmetransport durch Abstrahlung und Konvektion. Dieser Mechanismus trägt hier jedoch nicht nennenswert zur Kühlung bei und ist deshalb vernachlässigt worden. In dieser Konstellation wird für ein typisches Modul von $10\,mm \times 10\,mm$ Größe etwa 70% der thermischen Leistung über den Primärpfad abgeführt.

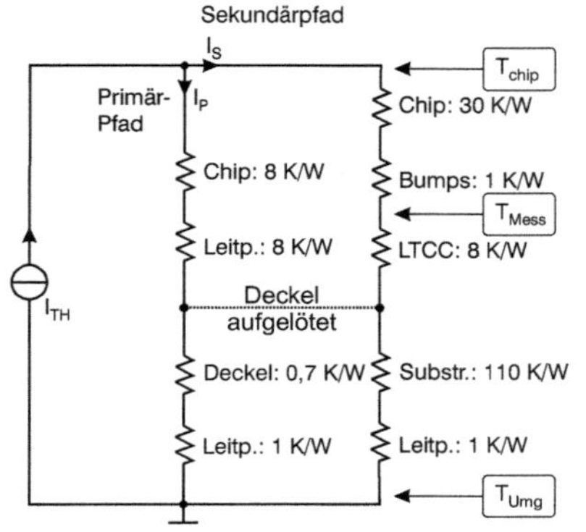

Material	spez. Leitf. $\left[\frac{W}{m \cdot K}\right]$
GaAs (Chip)	55
Kupfer (Deckel)	401
Leitpaste	4
Substrat	0,24
LTCC	3
Gold	320

Abbildung 3.2 – Thermisches Ersatzschaltbild des Modulkonzeptes aus Abbildung 3.1(d) und Tabelle mit spezifischen Wärmeleitfähigkeiten der involvierten Materialien.

Der Nachweis der theoretischen Überlegung soll anhand eines Testmoduls mit einem integrierten Verstärker *HMC498* der Firma *Hittite* vollzogen werden. Die integrierte Schaltung weist ohne Eingangssignal eine Verlustleistung von nominell $P_V = 1{,}25\,\mathrm{W}$ bei einer Fläche von $A = 1{,}5\,\mathrm{mm} \times 2{,}5\,\mathrm{mm}$ auf. In dem Testaufbau wird als Ersatz für den Deckel ein Kupferblech verwendet, welches nicht mit der Keramik verbunden ist. Aus diesem Grund entfällt der Nebenschluss, weshalb in dieser Anordnung etwa 89% der Leistung über den primären Pfad abgeführt werden (hier als Modell 1 bezeichnet, siehe hierzu Abbildung 3.3(a)). In dem Versuch wird die Verlustleistung des Verstärkers in Schritten gesteigert und die Temperatur an der Oberfläche des Moduls gemessen. In Abbildung 3.3(b) ist das Resultat der messtechnischen Untersuchung zusammen mit den theoretischen Ergebnissen dargestellt. Messung und Modell 1 stimmen über den gemessenen Bereich weitgehend überein. Bei der maximalen Leistung erreicht die Oberfläche des Moduls eine Temperatur von etwa 40°C, die über das Modell auf eine Chip-Temperatur von etwa 45°C schließen lässt. Wird im Modell der Nebenschluss mit berücksichtigt, so reduzieren sich diese Werte um etwa 3 K. Die Messung zeigt, dass das vorgestellte Modulkonzept nicht nur vorteilhaft im Sinne der Integration vertikaler Strukturen und aktiver Komponenten ist, sondern darüber hinaus auch für die notwendige Kühlung der aktiven Elemente sorgt.

In Abbildung 3.3(b) sind ebenfalls Ergebnisse der Berechnungen zu einem zweiten Modell dargestellt, in welchem der Halbleiter ausschließlich über den Sekundärpfad gekühlt wird. Um die thermische Leitfähigkeit des Trägersubstrates zu erhöhen, werden ringförmig angeordnete Vias im Randbereich des Moduls angenommen, die den Widerstand auf etwa 5 K/W reduzieren[1]. Wie die Berechnungen zeigen, erhöht sich die Temperatur am Modul und am Halbleiter. Dennoch kann diese Art der Kühlung für Chips mit einer Verlustleis-

[1] Die entsprechenden Kontaktflächen im Randbereich gefertigter Modul sind in den Abbildungen 4.6 und 4.16 deutlich zu erkennen

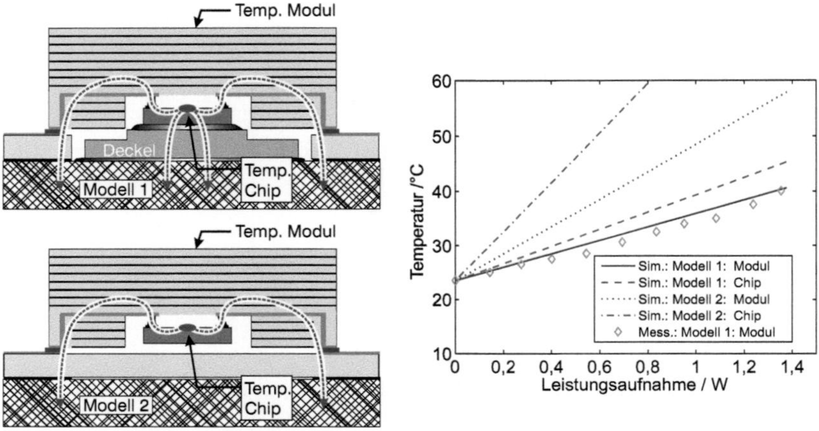

(a) Definition der Modelle

(b) Ergebnisse

Abbildung 3.3 – Messtechnischen Untersuchung des Modulkonzeptes und Vergleich mit Berechnungen nach dem Ersatzschaltbild.

tung bis etwa 400 mW eingesetzt werden, damit selbst bei einer Hintergrundtemperatur von 85°C die maximale zulässige Temperatur in der Halbleiterschaltung von 125°C nicht überschritten wird. Durch diese Vereinfachung kann der Aufwand bei der Herstellung reduziert werden.

3.2 Schnittstelle zwischen Modul und Trägersubstrat

Eine wichtige Schnittstelle bildet der Übergang vom Modul zum Trägersubstrat. Er dient dazu, die aktiven Komponenten im Inneren des Moduls mit elektrischer Energie zu versorgen und eine Signalführung zu ermöglichen. Im Allgemeinen werden folgende Anforderungen an einen Modul-Substrat-Übergang gestellt:

- Einfache und fehlertolerante Montage,
- Kompatibilität mit der Gehäusetechnologie,
- hohe Zuverlässigkeit,
- hohe Dichte, insbesondere für digitale Anwendungen.

Im Falle eines Signals mit spektralen Anteilen im Mikrowellenbereich sollten folgende Anforderungen zusätzlich erfüllt werden:

- Geringe Dämpfung des zu übertragenden Signals,
- geringe Reflexionen im Signalpfad,

- geringes Übersprechen auf benachbarte Übergänge,
- hohe Bandbreite.

Einige wichtige Formate von Übergängen sind in Abbildung 3.4 gezeigt und werden im Folgenden erläutert.

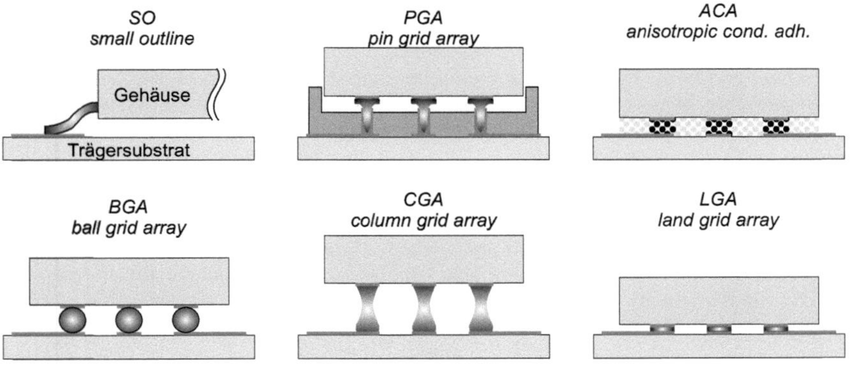

Abbildung 3.4 – Illustration einiger Anschlusstypen elektronischer Gehäuse.

SO - small outline. Dieser Typ ist in der Konsumelektronik weit verbreitet und wird hauptsächlich in Verbindung mit Kunstoffgehäusen eingesetzt. Die Verbindungen werden seitlich über Metallzungen hergestellt. Besondere Ausführungen erlauben eine Kühlung über eine an der Unterseite des Chips freiliegende Metallfläche mit der Bezeichnung *ExposedPad SOIC* (small outline integrated circuit) [156]. Die Variante mit der Bezeichnung *TSSOP* (thin-shrink small outline package) wird in einigen kommerziellen Hochfrequenz-Anwendungen bis 8 GHz eingesetzt [157].

PGA - pin grid array. Das PGA als Modulübergang ist in der Mikroelektronik weit verbreitet und stellt insbesondere für digitale Anwendungen eine hohe Dichte von Übergängen pro Fläche zur Verfügung. Der Kontakt zwischen Modul und Trägerplatine wird über Metallstifte hergestellt, die auf dem Modul aufgebracht sind. Auf der Trägerplatine ist eine entsprechende Aufnahme vorhanden, die den elektrischen Kontakt über Klemmen herstellt. Dadurch können Module ohne Lötvorgang ausgetauscht werden. Diese Art der Verbindung ist für keramische Module geeignet und wird für Prozessoren in Computern verwendet. Sie erlaubt eine Übertragung von Frequenzen bis 10 GHz [158].

ACA - anisotropic conductive adhesive. Ein mit Metallpartikeln gefüllter Film zwischen Modul und Träger führt unter Druck zu einer Leitung senkrecht zur Substrat-Ebene. Die Leitung bleibt nach Aushärten des Films erhalten. Derartige Verbindungen wurden in [159] für LTCC/MCM-C Module auf flexiblen Substraten untersucht. In [67] wurden Ersatzstrukturen für ein keramisches MCM bis 40 GHz untersucht. Es wurde einer Anpassung von −8 dB und Einfügedämpfung von etwa 4 dB bei 10 GHz aufgezeigt.

BGA - ball grid array. Als leitende Verbindung werden hier Lotkugeln eingesetzt, die sich aufgrund der Oberflächenspannung beim Schmelzen des Lotes gleichmäßig ausformen. Hierzu wird das Modul vorab mit den Kugeln bestückt und in einem Folgeschritt unter Einwirkung von Hitze mit dem Trägersubstrat verlötet. Die Lotmengen sind in dieser Aufbauart sehr eng toleriert, sodass Module mit vielen Hundert Anschlüssen zeitgleich verbunden werden können. BGA-Übergänge in Verbindung mit LTCC Modulen konnten bereits in [82] bis zu Frequenzen von etwa 30 GHz aufgezeigt werde. In [160] wurde jedoch von Problemen bei der Zuverlässigkeit berichtet.

CGA - column grid array. Dieser Typ ist vergleichbar mit dem BGA, jedoch wird anstatt der Lotkugeln eine Reihe von Säulen eingesetzt. Das Modul ist hierzu wie beim Typ BGA mit Lotkugeln bestückt, die während der Schmelzphase des Lotes durch Anheben des Moduls zu Säulen gestreckt werden. In [161] wird über eine Säulenhöhe von 2,2 mm berichtet, deren Verbindung eine höhere Zuverlässigkeit im Vergleich zum BGA zeigt.

LGA - land grid array. Modul und Trägermaterial verfügen über großflächige Kontakte und sind über eine dünne Schicht Lot miteinander verbunden. In [162] wird von einer Nutzung bis 3 GHz berichtet, in [87] über eine bandbegrenzte Struktur bei 40 GHz mit etwa 9 GHz Nutzbandbreite.

Aus dieser Übersicht geht hervor, dass die Typen *SO* und *PGA* nicht den notwendigen Frequenzbereich abdecken und deshalb nicht in Betracht kommen. Das *CGA* erfüllt prinzipiell die Anforderungen an den Frequenzbereich durch geeignete Dimensionierung. Problematisch ist jedoch die Anbindung des Moduls zur Wärmesenke, da sich durch den Zieh-Vorgang der Säulen ein erheblicher Spalt ausbildet. Zum Verfüllen kämen Polymere (*Underfill*) mit geringer Wärmeleitfähigkeit in Frage, welche nicht zum entwickelten Kühlkonzept des Moduls aus Abbildung 3.1(d) passen. Die Montage mittels *ACA* ist als zuverlässig einzustufen, jedoch bedeutet sie einen zusätzlichen Prozessschritt zur ohnehin notwendigen Lötung für sonstige Komponenten. Ebenfalls sind die bislang gezeigten Verluste im K-Band noch zu hoch. Sowohl die BGA- als auch die LGA-Lösung scheinen geeignet für HF-Führung und Kühlung. Beide weisen einen geringen Abstand zur Leiterplatte auf, wodurch ein kurzer thermischer Pfad gewährleistet ist. Für HF-Übergänge dürfen die Kontakte aufgrund der allgemein geringen Anzahl großflächig ausfallen, was prinzipiell die Zuverlässigkeit erhöht. Es konnte bereits ein erfolgreicher Entwurf mit Bandpass-Charakteristik im Millimeterwellenbereich gezeigt werden. Es bestehen allerdings folgende Nachteile:

1. Die Charakteristik muss stets für jede Applikation angepasst werden.
2. Die geringe Anpassung außerhalb des Durchlassbereiches ist für den Systementwurf hinderlich. Resonanzen zwischen zwei Modulen können auf Systemebene zu Instabilitäten führen, die bei einem separaten Modul nicht vorhanden sind.
3. Die Bandbreite von etwa 23% ist nicht für alle Applikationen ausreichend.

Von Vorteil ist deshalb eine Lösung mit möglichst hoher Bandbreite. Eine Struktur, die diese Anforderungen erfüllt, wird im folgenden Abschnitt vorgestellt.

3.2.1 Land-Grid-Array (LGA) mit hoher Bandbreite

3.2.1.1 Aufbau

Der entwickelte Übergang zum Trägersubstrat ist in Abbildung 3.5 dargestellt. Zur sys-

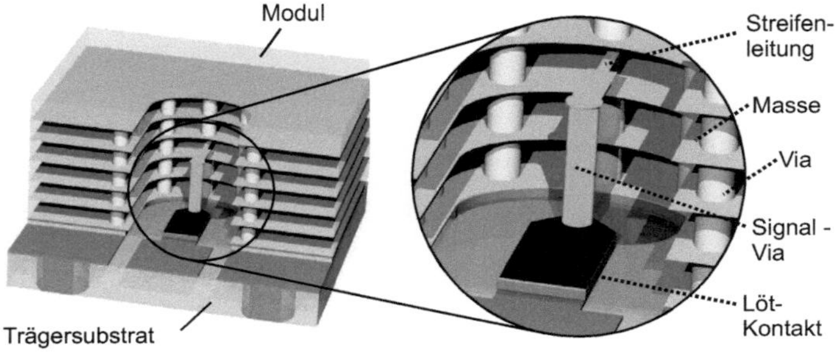

Abbildung 3.5 – Modul-Substrat-Übergang vom Typ *LGA* mit hoher Bandbreite [163].

tematischen Analyse und Dimensionierung wird dieser Übergang in einzelne Abschnitte zerlegt, die im folgenden getrennt voneinander untersucht werden.

Der Signalpfad beginnt mit einer Streifenleitung, die die Wellen im Inneren der Keramik zwischen zwei Massemetallisierungen führt. Die Synthese ist etwa in [164] hinreichend beschrieben. Bei Verwendung von je einer dielektrischen Lage mit einer Höhe von h=130 µm ober- und unterhalb des Innenleiters berechnet sich die Weite der Leitung zu W=55 µm. Die Streifenleitung wird auf einen Viastapel geleitet, durch welchen das Signal senkrecht nach unten transportiert wird. Am unteren Ende dieser vertikalen Signalführung befindet sich der Übergang zum Trägersubstrat, wo die Welle seitlich abgeführt wird.

3.2.1.2 Vertikale Signalführung

Zunächst soll die Entwurfsmethodik der vertikalen Signalführung erörtert werden. Aufgrund der runden Ausführung der Durchkontaktierung bietet sich hier die Nachbildung einer Koaxialleitung an, wie sie in Abbildung 3.6(a) gezeigt wird. Der Außenleiter wird durch eine Reihe von Vias nachgebildet. Eine ähnliche, jedoch geschlossene Anordnung für vertikale Übergänge konnte bereits in [67] bis zu Frequenzen von etwa 30 GHz demonstriert werden.

Aus der zirkularen Geometrie wird die Struktur in Abbildung 3.6(b) mit einem Achsenverhältnis von $a : b = 2 : 1$ abgeleitet, die zu einer Seite hin geöffnet ist. Eine geschlossene Anordnung erweist sich an dieser Stelle als unzweckmäßig, da die Welle am untere Ende lateral abgeführt wird und das Feldbild der Leitung im Trägersubstrat erheblich gestört werden würde. Durch die elliptisch geformte Masseführung verringert sich der

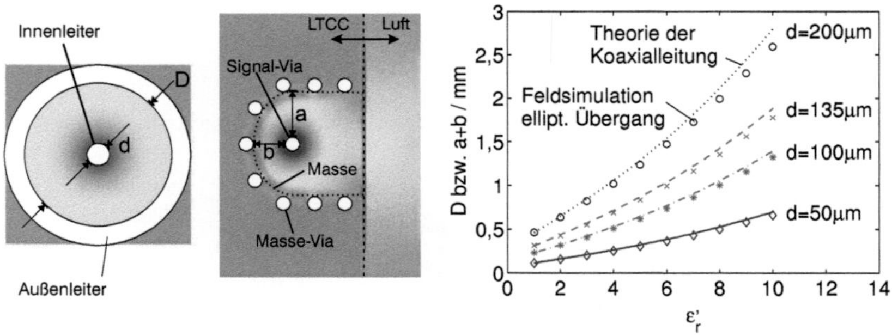

(a) Koaxialleitung (b) Vertikal-Übergang (c) Bestimmung von D bzw. a und b für Z_0=50Ω

Abbildung 3.6 – Analogie zwischen einem koaxialen Wellenleiter und der halboffenen, vertikalen Signalführung.

Kapazitätsbelag der Leitung, sodass der Innenleiter näher an der Außenwand positioniert werden kann. Dadurch kann die Länge des Verbindungsstücks zwischen Via-Stapel und Streifenleitung reduziert werden. Trotz der halboffenen, elliptischen Geometrie ist die Feldverteilung des vertikalen Übergangs dem Feldbild der koaxialen Leitung ähnlich.

Um die optimalen Parameter der Ellipse zu bestimmen, die sich durch die Hauptachse a und die Nebenachse b vollständig beschreiben lässt, wird der Wellenwiderstand für verschiedene Via-Durchmesser von 50 µm, 100 µm, 135 µm und 200 µm in Abhängigkeit von der Länge der Achsen mit Hilfe des Simulationsprogrammes *Microwave Studio* optimiert. Durchmesser oberhalb von 100 µm sind mittels Stanztechnik in industriellen Prozessen realisierbar, Vias mit einem Durchmesser von 50 µm wurden in der Vergangenheit in der Forschung erreicht [121, 122] und sind in naher Zukunft vermutlich auch in industriellen Prozessen verfügbar. Das Ergebnis der Optimierung ist in Abbildung 3.6(c) gezeigt. In dieser Darstellung ist der Mittelwert der Achsen über der relativen Permittivität für die verschiedenen Durchmesser aufgetragen (Symbole). Zusätzlich wird der Zusammenhang nach der allgemein bekannten Gleichung für die Koaxialleitung abgebildet (Linien). Aufgrund der graphischen Übereinstimmung dieser Darstellung kann die Ellipse für den Parameter der Hauptachse durch

$$a \approx \frac{2D}{3} \quad \text{und} \quad b \approx \frac{D}{3} \tag{3.1}$$

dimensioniert werden. Der Außendurchmesser der idealen Koaxialleitung entspricht also etwa der Summe der Achsenlängen der Ellipse. Dieses Ergebnis beschränkt sich auf das frei gewählte Achsenverhältnis von $a : b = 2 : 1$ und ist somit nicht allgemein gültig. Bei dieser Wahl lässt sich die Dimensionierung dann allerdings auch ohne den Einsatz der aufwändigeren Feldsimulationen mit den Näherungsformeln vornehmen.

3.2.1.3 Dimensionierung des Trägersubstrates

Während die innere Konstruktion der Streifenleitung und des halboffenen, quasi-koaxialen Wellenleiters lediglich von der dielektrische Schichtdicke, dem Via-Durchmesser und der Permittivität der Keramik abhängt, erhöht sich im Bereich des Lötkontaktes am Übergang zur Leiterkarte die Zahl der Freiheitsgrade um zwei. Die elektromagnetische Welle wird in diesem Abschnitt durch einen hybriden Wellenleiter geführt, wie er vereinfacht in Abbildung 3.7(a) illustriert ist.

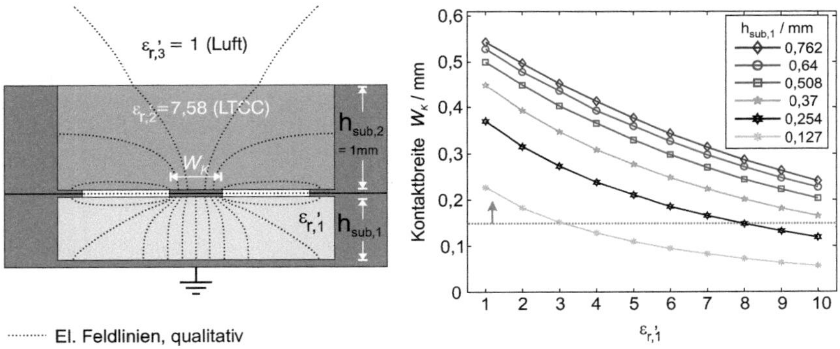

(a) Querschnitt des Wellenleiters

(b) Optimale Kontaktbreite W_K über ε_r' bei $Z_0 = 50\,\Omega$

Abbildung 3.7 – Simulationsstudie zur Ermittlung der optimalen Kontaktbreite des Übergangs.

Er setzt sich aus drei geschichteten Dielektrika zusammen. Die unterste Ebene ist das Trägersubstrat, die mittlere Ebene ist das Keramikmodul und die oberste Ebene ist die darüber befindliche Luft. Die unteren beiden Schichten werden seitlich durch eine Metallisierung begrenzt, die in der Praxis mittels Durchkontaktierungen realisiert wird und an der Grenzschicht wie der Innenleiter über eine Lötung verbunden ist. Die Seitenwände sind über die Rückseitenmetallisierung des Trägersubstrates verbunden und besitzen folglich eine gemeinsame Massefläche. Vorsprünge von 150 µm als Repräsentation der Restringe um die Vias sind berücksichtigt worden, da diese aus technologischen Gründen notwendig sind. Der qualitative Verlauf der elektrischen Feldlinien deutet an, dass sich ein Großteil des Feldes auf die unteren beiden Schichten konzentriert und Ähnlichkeiten mit dem Feldbild der Koplanarleitung mit rückseitiger Masse aufweist.

Die zwei in dieser Anordnung verfügbaren Freiheitsgrade Substrathöhe und Permittivität bestimmen die Kontaktbreite W_K des Innenleiters. Für die hybride Anordnung existiert kein geschlossener analytischer Ausdruck, der die Kontaktbreite in Abhängigkeit der beiden wählbaren Parameter beschreibt. Zur Lösung des Problems werden deshalb Feldsimulationen herangezogen, in welchen für die Vorgabe von $\varepsilon_{r,1}'$ und eine exemplarische

Höhe $h_{sub,1}$ die Breite W_K optimiert wird, sodass sich ein Wellenwiderstand von 50 Ω ergibt. Hierzu werden die Parameter des LTCC-Substrates exemplarisch zu $\varepsilon'_{r,2}$=7,58 und $h_{sub,2}$=1 mm gewählt.

Abbildung 3.7(b) zeigt Ergebnisse der Optimierung für einige kommerziell erhältliche Substrathöhen. Erwartungsgemäß verringert sich die Breite des Kontakts mit steigender Permittivität aufgrund des wachsenden Kapazitätsbelages. Aus Sicht der mechanischen Zuverlässigkeit sollte die Kontaktfläche jedoch maximiert werden, weshalb Substrate mit einer niedrigen Permittivität zu bevorzugen sind. Die kleinstmögliche Breite wird durch das Auflösungsvermögen der LTCC-Technologie festgelegt, die im Falle eines Druckes nach dem Sintern eine Strukturbreite von wenigstens 150 µm vorschreibt. Aus dieser Anforderung wird deutlich, dass sich Substrate mit einer Höhe von $h_{sub,1} = 127$ µm nur sehr eingeschränkt für den Übergang eignen. Eine Vielzahl gängiger Hochfrequenzsubstrate besitzt jedoch eine relative Permittivität im Bereich $\varepsilon'_r = 2{,}2$ bis 4 bei Substrathöhen von wenigstens 254 µm, die sich für einen Übergang eignen.

3.2.1.4 Optimierung im Zeitbereich

Im Modulübergang sind die Streifenleitung, die vertikale Führung, der hybride Wellenleiter und die Leitung im Trägersubstrat hintereinander geschaltet. Um die dabei auftretenden Diskontinuitäten zu minimieren, wird auf die Zeitbereichs-Reflektometrie zurückgegriffen. Um aus den Signalen im Zeitbereich den Wellenwiderstand entlang des Propagations-Pfades zu extrahieren, wird auf ein inverses Lösungsverfahren nach [165] zurückgegriffen. Die Methode wurde bereits zur Synthese von Filtern [166], Puls-formenden Strukturen [167] sowie zur Analyse von Drahtbond-Verbindungen verwendet [168].

An dieser Stelle wird der angesprochene Algorithmus zur Analyse und systematischen Optimierung des Übergangs verwendet. Hierzu wird zusammen aus dem reflektierten Signal und der Anregung im Zeitbereich der Wellenwiderstand über der Propagationszeit ermittelt. Das Profil zeigt dann die Störstellen in Form von Sprüngen im Wellenwiderstand auf. Die Diskontinuitäten können in wenigen Iterationen durch Manipulation der Struktur-Geometrie gezielt minimiert werden. Das Ergebnis der Optimierung ist in Abbildung 3.8 und 3.9 dokumentiert.

Die Zuleitung zum Via-Stapel wird verbreitert, um die insbesondere bei höheren Frequenzen wirksame Induktivität zu verringern. Durch einen stufenlosen Übergang in Koplanartechnik (Abbildung 3.9(b)) kann der Einfluss der Diskontinuität deutlich reduziert werden. In der Folge verbessert sich auch die Übertragungsfunktion zwischen zwei Modulen. Eine deutliche Verbesserung ist vor allem für die Einfügedämpfung zu erkennen, weshalb von einer geringeren Abstrahlung auszugehen ist. Die Simulation zeigt, dass für die optimierte Struktur eine Bandbreite von über 40 GHz erzielt wird.

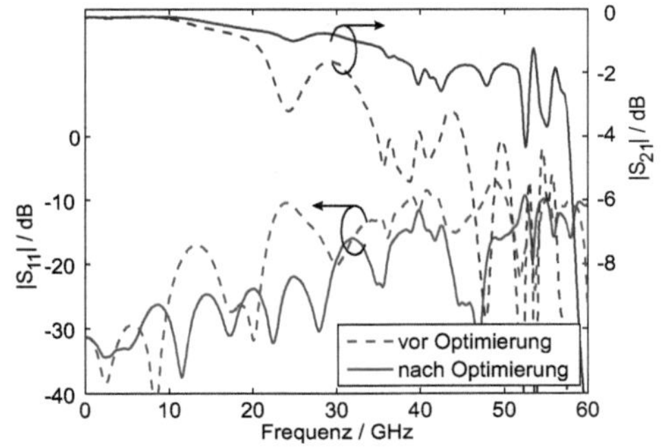

Abbildung 3.8 – Streuparameter zweier kaskadierter Übergänge vor und nach der Optimierung.

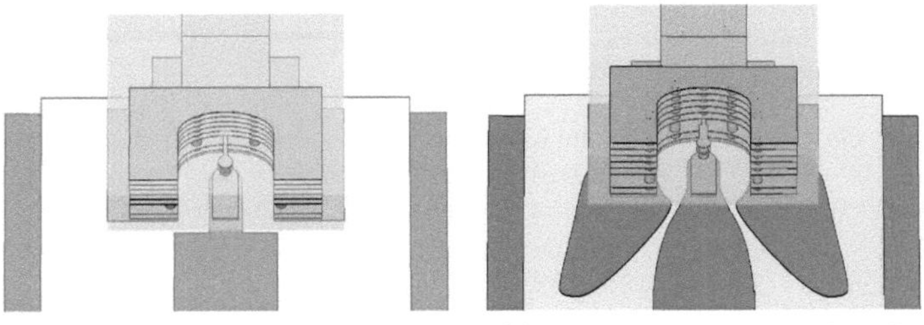

(a) Vor Optimierung im Zeitbereich

(b) Nach Optimierung im Zeitbereich

Abbildung 3.9 – Illustration zur Veranschaulichung des Optimierungsvorgangs.

3.2.2 Ball-Grid-Array (BGA)

3.2.2.1 Aufbau

Vom Land-Grid-Array kann der Übergang eines Ball-Grid-Arrays abgeleitet werden, indem die Wellenführung innerhalb der Keramik übernommen wird. Es ist jedoch notwendig, die Schnittstelle zum Trägersubstrat anzupassen, wie in Abbildung 3.10 dargestellt ist.

Als Gemeinsamkeit beider Übergänge LGA und BGA ist die Streifenleitung zum Transport innerhalb der Lagen sichtbar. Ebenfalls unverändert ist der Übergang zum Via-Stapel des halboffenen, quasi-koaxialen Wellenleiters. Da die Schnittstelle zum Substrat jedoch nicht über eine großflächige Lötstelle, sondern mit drei Lotkugeln realisiert ist, kann dieser Abschnitt nicht mehr wie die in Abbildung 3.7 erläuterte hybride Leitung interpretiert werden.

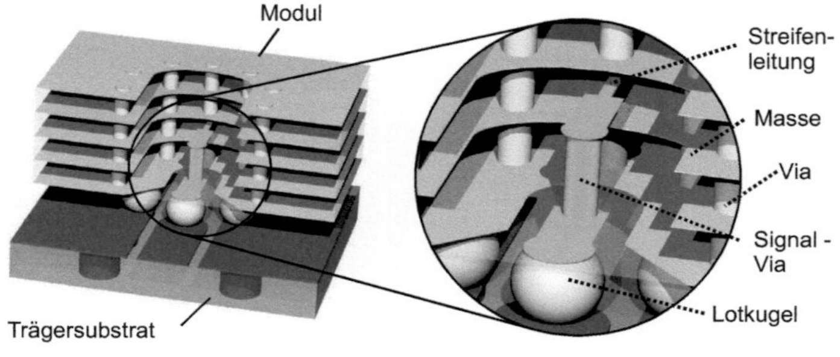

Abbildung 3.10 – Modul-Substrat-Übergang vom Typ *Ball-Grid-Array* mit hoher Bandbreite.

3.2.2.2 Dimensionierung der Schnittstelle

Die Wellenleiter, die sich ausschließlich im Modul und im Trägersubstrat befinden (Abbildung 3.11(a), 3.11(c)), sind als Koplanarleitung zu interpretieren. Die Dimensionierung dieses Wellenleitertyps ist allgemein bekannt und soll hier nicht näher erörtert werden. Die

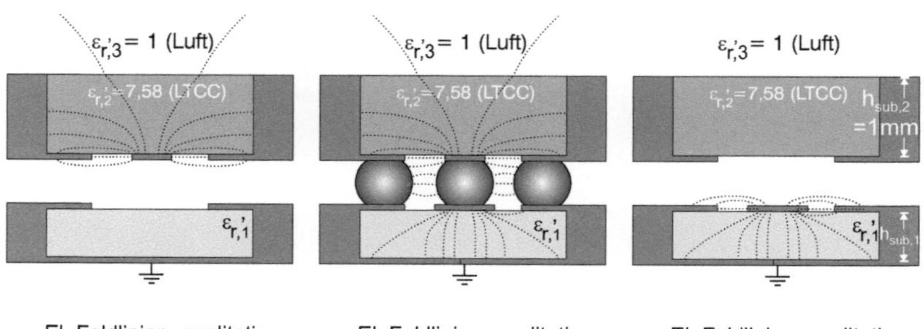

(a) Vor dem Übergang (b) Im Bereich des Übergangs (c) Nach dem Übergang

Abbildung 3.11 – Qualitative Feldverteilung an den drei Abschnitten des BGAs.

Schnittstelle über die Lotkugeln (Abbildung 3.11(b)) muss jedoch genauer analysiert werden. Dieses Dreileitersystem verfügt über einen Hinleiter in der Mitte und zwei Rückleiter am Rand, siehe Abbildung 3.12(a). In erster Näherung wird die Struktur aufgrund ihrer geringen Abmessungen im Vergleich zur Wellenlänge als zylinderförmig angenommen. Eine vergleichbare Anordnung ist bereits für die Applikation in Substratmaterialien mit $\varepsilon_r' > 3$ untersucht worden [169]. Aufgrund der Homogenität des Wellenleiters und dessen Geometrie ergibt sich stets ein konstantes Verhältnis zwischen Durchmesser D und

Abstand d. Dieser Zusammenhang ist in Abbildung 3.12(b) für $\varepsilon_r' = 1$ und einem Wellenwiderstand von $50\,\Omega$ dargestellt. In der Feld-Simulation kann ebenfalls der Winkel

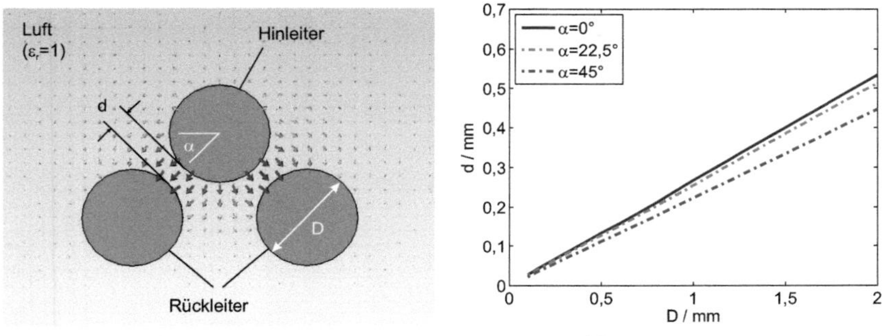

(a) Feldverteilung (b) Dimensionierung

Abbildung 3.12 – Simulation des vertikalen Lotkugel-Übergangs zwischen Modul und Trägersubstrat.

α variiert werden. Es zeigt sich, dass dieser Parameter einen leichten Einfluss auf den Abstand d hat und daher berücksichtigt werden sollte.

Aus den Simulationsdaten wird deutlich, dass zum Einstellen eines Wellenwiderstands von $50\,\Omega$ der Abstand zwischen den Lotkugeln nur wenige Hundert Mikrometer beträgt. Damit diese Art Übergang zwischen Modul und Träger auch bei hohen Frequenzen gut angepasst ist, sollte die Dimensionen der Lotkugeln an die Abmessungen der koplanaren Wellenleiter angepasst sein. Als obere Grenze wird der Kugeldurchmesser zu etwa 0,5 mm abgeschätzt. Der Abstand dürfte dann höchstens etwa 130 µm betragen. Wird dieser zu Gunsten einer sichereren Verarbeitung vergrößert, so ist mit einer erheblichen Änderung des Wellenwiderstands zu rechnen, siehe Abbildung 3.13.

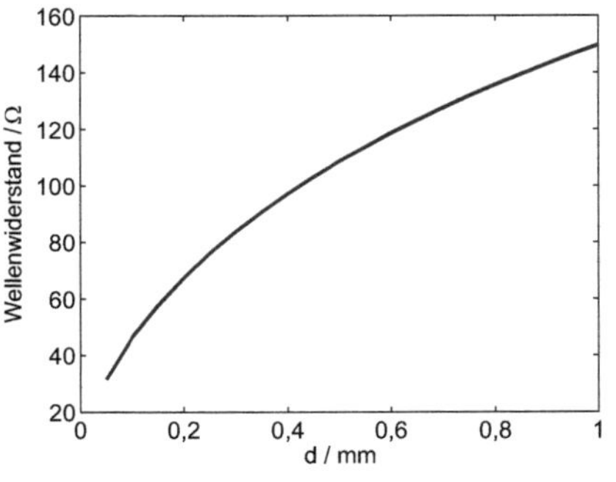

Abbildung 3.13 – Wellenwiderstand in Abhängigkeit des Abstandes d für einen Durchmesser D=450 µm.

Die Ergebnisse einer Feldsimulation (siehe Abbildung 3.14) zeigen auf, dass mit dieser ersten Annäherung für den Lotkugelübergang bereits akzeptable Ergebnisse erzielt werden.

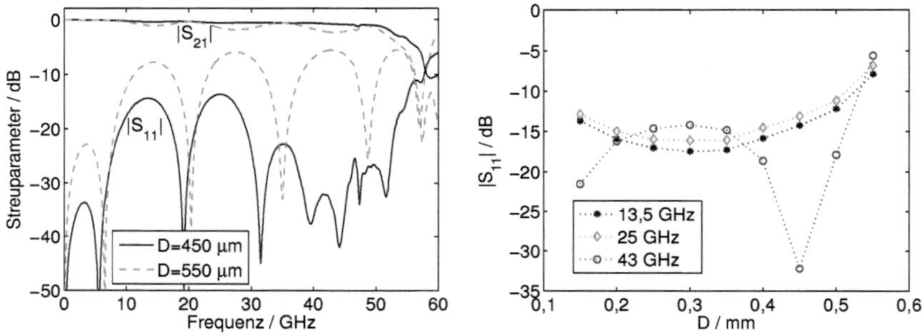

(a) Für D=450 µm und D=550 µm

(b) $|S_{11}|$ bei diskreten Frequenzen

Abbildung 3.14 – Simulierte Streuparameter zweier kaskadierter Übergänge mit variiertem Kugeldurchmesser bei fester Position.

Das Simulationsmodell enthält hier zwei in Kaskade geschaltete Übergänge, die einem vollständigen Pfad zwischen zwei zusammengeschalteten Modulen entsprechen. Als Kugeldurchmesser wird D=450 µm mit einem Abstand d=110 µm angesetzt, und der Winkel α beträgt 22,5°. Gemäß der Parameterstudie in Abbildung 3.13 ergibt sich für einen Kugeldurchmesser von 550 µm eine starke Fehlanpassung, da der geringste Abstand zwischen den Kugeln dann nur noch d=10 µm beträgt. Es wird die Anpassung trotz steigender Impedanz bis zu einem Wert von D=300 µm besser, siehe Abbildung 3.14(b). Die Darstellung zeigt die Anpassung in Abhängigkeit vom Kugeldurchmesser bei fester Position für drei Frequenzen, die signifikante lokale Maxima sind. Der Grund für die bessere Anpassung liegt in der sinkenden Länge des Drei-Leiter-Systems für kleinere Kugeln, was sich vorteilhaft auf den gesamten Übergang auswirkt. Befindet sich die Keramik jedoch zu dicht über dem Substrat, so wird der koplanare Wellenleiter an der Unterseite der Keramik gestört. Die Studie zeigt dennoch, dass sich diese Art Übergang prinzipiell eignet, da eine zum LGA vergleichbare hohe Bandbreite erzielt wird. Zudem wirken sich herstellungsbedingte Montagetoleranzen nur gering aus.

3.2.3 Thermomechanische Simulation

Für die erfolgreiche Implementierung eines elektronischen Moduls genügt es nicht, die Anforderungen an die elektrische Funktion zu erfüllen und die Verlustwärme der Halbleiter ausreichend abzuführen. Ein weiterer Punkt, der in diesem Abschnitt diskutiert wird, ist die Zuverlässigkeit der mechanischen Verbindung zwischen Modul und Trägersubstrat. Einige Studien in Bezug auf die Zuverlässigkeit von LTCC-Modulen wurden bereits in der

Fachliteratur publiziert, zum Beispiel in [11]. Entscheidend in Bezug auf die Festigkeit sind die jeweils eingesetzten Materialien und die geometrischen Abmessungen, sodass die Ergebnisse kaum übertragbar sind. Eine mechanische Überprüfung muss deshalb für jede Klasse von Übergängen neu durchgeführt werden. Für die Übergänge vom Typ LGA und BGA wird deshalb an dieser Stelle eine Simulationsstudie vorgestellt [170].

3.2.3.1 Grundlagen

Die Ausgangssituation zur Analyse der mechanischen Verbindung soll anhand von Abbildung 3.15(a) erklärt werden. Das Modul und die Trägerplatine werden zur Montage

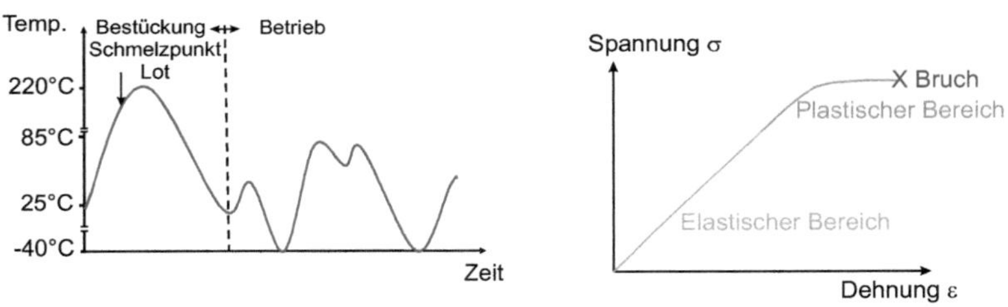

(a) Temperaturprofil

(b) Zusammenhang zwischen Dehnung und Spannung

Abbildung 3.15 – Randbedingungen der thermomechanischen Analyse.

aufgeheizt, bis der Schmelzpunkt des Lotes erreicht ist. Anschließend kühlt das gesamte Werkstück ab, bis sich das Lot verfestigt. Ab diesem Punkt sind Modul und Trägerplatine starr miteinander verbunden und kühlen bis auf Raumtemperatur ab. Bedingt durch die unterschiedlichen thermischen Ausdehnungskoeffizienten der involvierten Materialien treten Spannungen auf, die auf die gelöteten Verbindungsstellen einwirken. Solange die Dehnung den linearen Bereich gemäß Abbildung 3.15 nicht überschreitet, bleiben die Vorgänge am Werkstück reversibel. Es liegt dann eine elastische Verformung vor.

Darüber hinaus kommt es zur plastischen Verformung, bei welcher die auftretende Spannung in die Sättigung gerät, bis es zum Bruch kommt. Dieser Bereich ist insbesondere für elektronische Gehäuse von Wichtigkeit, da mit der Zerstörung der mechanischen Verbindung auch die elektrische Verbindung zur Schaltung unterbrochen und das Modul unbrauchbar wird.

Um die Zuverlässigkeit einer Schaltung beurteilen zu können, ist folglich eine nichtlineare Analyse notwendig. Die exakte Modellierung nichtlinearer mechanischer Vorgänge ist sehr aufwendig bzw. schwierig. Häufig wird auf kommerzielle Simulationsprogramme auf Basis der finiten Elemente zurückgegriffen und eine Analyse im linearen Bereich durchgeführt. Damit lässt sich zwar nicht die Fraktur einer Verbindung voraussagen, aber es können die Zonen erhöhter Spannung identifiziert werden, die letztlich zum Bruch führen.

3.2.3.2 Analyse des LGA-Übergangs

Zunächst wird das LGA näher untersucht. Es verfügt über eine vollflächige Verbindung, die dazu führt, dass auch die Verspannung auf eine große Fläche wirkt. Das Ergebnis der linearen Simulation mit dem Programm *Ansys* [171] ist in Abbildung 3.16 gezeigt. Aufgrund einer angenommenen Spiegelsymmetrie in zwei Ebenen ist nur ein Viertel des

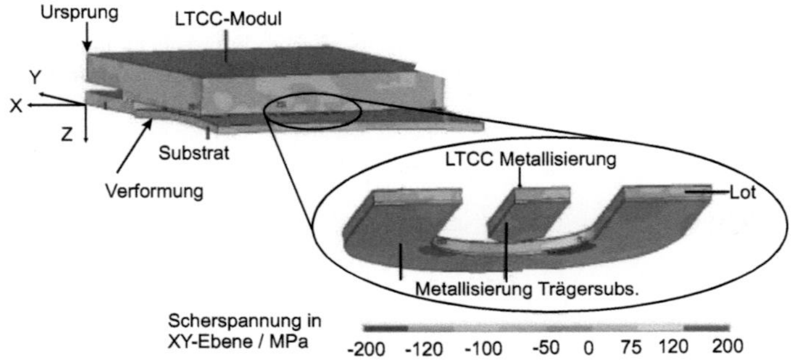

Abbildung 3.16 – Thermomechanische Simulation des LGA mit Verteilung der Scherspannung.

Moduls für eine vollständige Simulation notwendig. Im Bild sind deutlich die Verformungen des Substrates erkennbar, die zur besseren Sichtbarkeit um ein Vielfaches vergrößert dargestellt sind. Als Trägermaterial liegen dieser und den folgenden Simulationen die Substrate *RT/duroid 6002* und *Ultralam 2000* der Firma *Rogers Corp.* zu Grunde. Sie weisen eine hohe mechanische Flexibilität auf, die direkt anhand der Deformierungen sichtbar wird. Als Vergrößerung ist in Abbildung 3.16 ebenfalls die Verbindungsstelle, bestehend aus der Metallisierung der Keramik, der Lotschicht und der Substratmetallisierung zusammen mit der simulierten Scherspannung dargestellt. Die Zonen mit hoher Beanspruchung liegen bei dieser Geometrie in den Biegungen des Massekontaktes, während der Signal-Kontakt eine weitgehend homogene Verteilung bei niedriger Beanspruchung aufweist.

Um den Einfluss der Modulgröße und der Substratmaterialien auf die Beanspruchung der Kontaktfläche zu ermitteln, wird diese Größe in einer Parameterstudie näher untersucht. Hierzu werden die vier in in Abbildung 3.17 definierten Modulgrößen (G1 - G4) definiert. Sie orientieren sich am Raster des Übergangs von 3,5 mm, sodass das Modul von einer Größe zur nächsten um vier HF-Übergänge wächst. An den Seiten wird eine Reihe von Steuerkontakten im Raster von 2 mm angenommen, deren Anzahl ebenfalls mit der Modulgröße zunimmt.

In Abbildung 3.18 sind für die verschiedenen Größen die Bereiche aufgetragen, in denen sich die simulierte Beanspruchung bewegt. Es ist aus der Simulation keine eindeutige Tendenz für steigende Größen im Abschnitt der Keramik und des Übergangs zu beobachten.

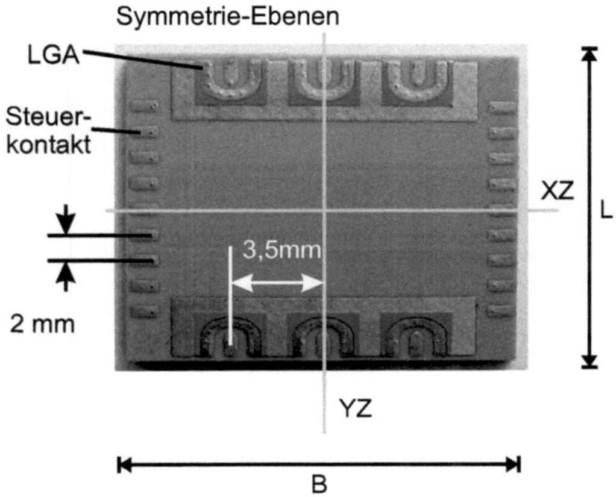

Größe	L / mm	B / mm	LGAs
G1	12	14,8	6
G2	16	21,8	10
G3	20	28,8	14
G4	24	35,8	18

Abbildung 3.17 – Definition der Symmetrie-Ebenen und Modulgrößen.

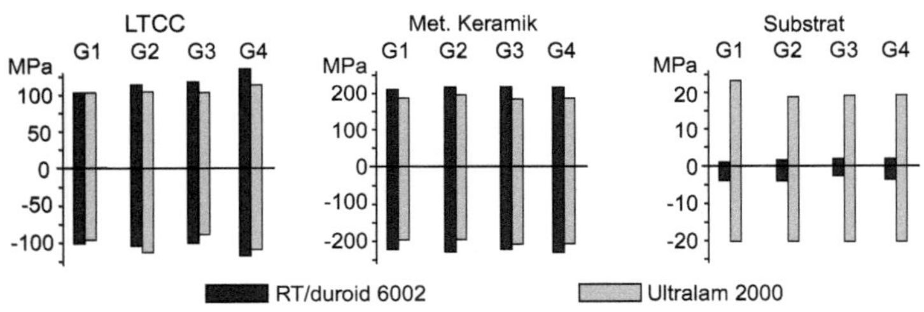

Abbildung 3.18 – Scherspannung in der XY-Ebene zur Ermittlung des Einflusses der Modulgröße auf die Belastung der Verbindungsstelle

Für den Abschnitt des Substrates hingegen ist eine eher abnehmende Neigung zu bemerken. In diesem Bereich ist auch die maximal auftretende Beanspruchung im Vergleich zur Keramik und zur Lotstelle am geringsten, was auf die hohe Elastizität zurückzuführen ist. Trotz der steigenden Tendenz an der Verbindungsstelle bleibt die qualitative Verteilung der Beanspruchung im Wesentlichen unverändert. In der Simulation ist die Abhängigkeit von der Höhe der Lotschicht als weiterer Parameter untersucht worden. Auch für diese Größe kann keine deutliche Veränderung der Beanspruchung festgestellt werden [172].

3.2.3.3 Analyse des BGA-Übergangs

Zum Vergleich ist das Simulationsergebnis der BGA-Struktur in Abbildung 3.19 gezeigt. Als Trägersubstrate kommen die gleichen Materialien wie beim LGA für die Simulation

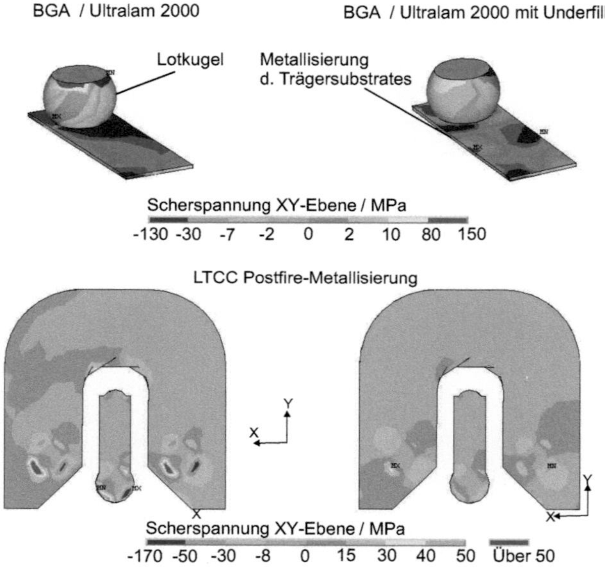

Abbildung 3.19 – Simulierte Scher-Beanspruchung des BGA am Rande des Moduls ohne und mit Underfill.

in Betracht, deren Ergebnisse sich jedoch nicht grundlegend unterscheiden [172]. Wie die Berechnungen für das Material *Ultralam 2000* zeigen, treten starke Beanspruchungen im Bereich der Übergänge zwischen Lotkugel und Keramik auf. Dieser Sachverhalt zeigt sich sehr deutlich an der Metallisierung der Keramik, bei der die Beanspruchung im Randbereich sehr ausgeprägt ist und Werte von ±170 MPa erreicht.

Aus der Fachliteratur ist hinreichend bekannt, dass die Zuverlässigkeit von Übergängen durch die Applikation von *Underfill* erhöht werden kann [173]. Dieses Material wird im flüssigem Zustand durch Adhäsion unter die Baugruppe gezogen und anschließend ausgehärtet. Die Füllung sorgt für eine Verteilung der Beanspruchung, sodass die auftretenden Spitzenwerte reduziert und damit die Haltbarkeit der Verbindung erhöht wird. Diese Tatsache spiegelt sich ebenfalls in der Simulation des BGAs deutlich wieder. Die mechanischen Werte für das Underfill sind dabei dem Datenblatt *FP4149* der Firma

Henkel/Loctite entnommen worden. Trotz der Reduzierung bleibt die Verteilung der Beanspruchung im Bereich der Lotkugeln weitgehend erhalten.

Die Folgen der ungünstigen Belastungsverteilung an den Übergangsstellen können in Testaufbauten direkt beobachtet werden. Diverse Module werden zunächst mit Lotkugeln von definierter Größe bestückt. Durch den Einsatz fester Lotmengen wird ein gleichmäßiger Durchmesser von etwa 420 µm erzielt, siehe Abbildung 3.20(a). Die gleichmäßige Kontaktierung erweist sich jedoch als schwierig. Da das mit einer Kavität versehene Testmodul im gebrannten Zustand eine leichte Wölbung durch die mechanische Inhomogenität aufweist, verläuft die Kontaktierung beim Absenken des Bauteils sehr ungleichmäßig. Bei geringen Abständen zwischen Modul und Träger erfolgt ein Überfließen von Lotmengen ineinander. Das führt insbesondere bei den Hochfrequenzübergängen zu Kurzschlüssen oder Fehlstellen. Die Wölbung des Bauteils wird bei der großflächigen Kontaktierung des LGAs durch die variable Lotmenge ausgeglichen und verursacht dort keine Schwierigkeiten.

Nach erfolgter Montage erweisen sich die BGA-Kontakte als sehr fragil. Ein typischer Defekt ist in Abbildung 3.20(b) gezeigt. Durch die konzentrierte Belastung im Bereich

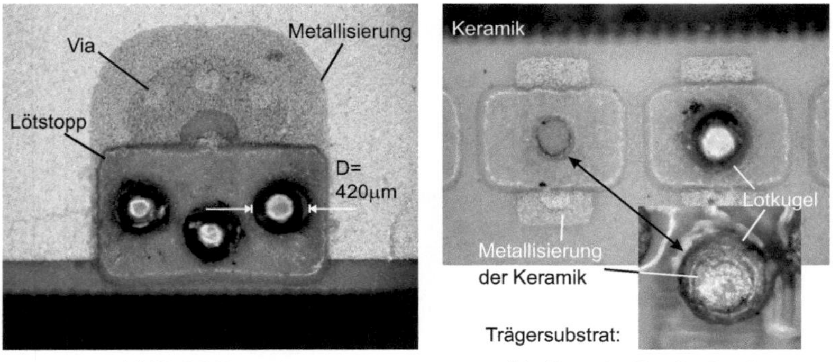

(a) Modul-Unterseite (b) Abriss des Postfire-Drucks

Abbildung 3.20 – BGA-Übergang mit Defekten durch mechanische Belastung.

des Postfire-Drucks wird eine Delaminierung hervorgerufen, sodass an der Keramik ein vollständiger Abriss zu beobachten ist. Die Metallisierung findet sich auf der Lotkugel wieder, da hier die Verbindung deutlich stabiler ist.

3.2.3.4 Fazit

Die thermomechanische Analyse zeigt, dass die LGA-Struktur eine deutlich höhere Zuverlässigkeit aufweist als die elektrisch vergleichbare BGA-Struktur. Als Ursache kann in der Simulation die ungünstige Belastungsverteilung identifiziert werden. Die Applikation von Underfill zeigt zwar eine Verbesserung, jedoch keine grundlegende Veränderung der Verhältnisse. Für die weitere Entwicklung kommt daher lediglich das LGA zum Einsatz. Im Rahmen des zu Grunde liegenden Forschungsvorhabens wurden repräsentative LGA-Testschaltungen typischen Belastungen durch Schock, Vibration und thermische Zyklen ausgesetzt, um die Oberflächen-Lötmontage auf ihre Zuverlässigkeit zu überprüfen. Nähere Details zu dieser Studie sind in [174, 175] zu finden. Als Substratmaterial diente hierbei durchweg *RT/duroid 6002*. Während und nach Abschluss aller Tests konnte bei 32 Testübergängen kein Ausfall festgestellt werden.

3.2.4 Messtechnische Verifikation des LGA

Nach erfolgter Synthese und thermomechanischer Analyse wird in diesem Abschnitt eine messtechnische Evaluierung der LGA-Übergänge vorgestellt. Es werden zwei verschiedene Testschaltungen vorgestellt, von denen eine in Abbildung 3.21(a) gezeigt ist. Sie besteht

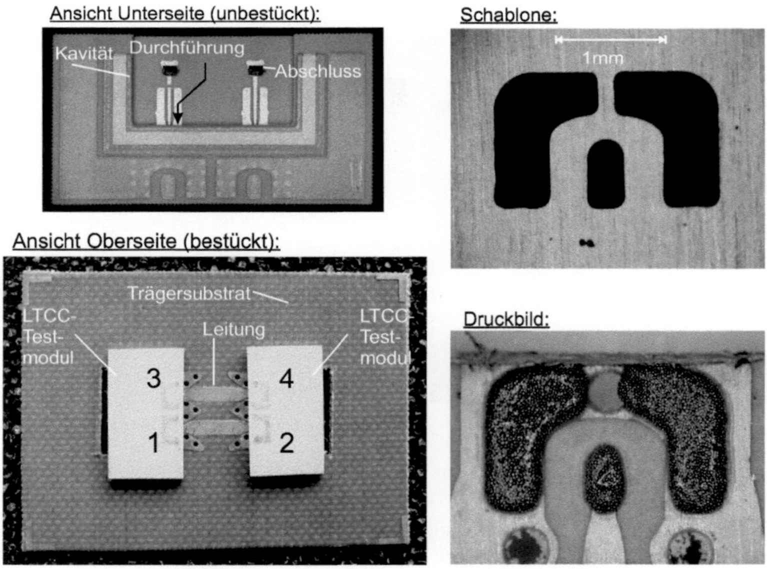

(a) Testübergang

(b) Schablone und Druckbild der Lotschicht

Abbildung 3.21 – Doppelter LGA-Übergang von einer Innenlage mit Kavitätsdurchführung auf *Ultralam 2000*-Substrat (h=482 µm).

aus zwei benachbarten Übergängen, deren Mittenabstand 3 mm beträgt. Der Signalpfad eines jeden Überganges beginnt im Inneren einer Kavität mit einer Tiefe von zwei Lagen (260 µm). Der Leitungstyp ist eine Koplanarleitung mit rückseitiger Masse (CPWG). Er erlaubt es, die Schaltung mit einem Waferprober zu kontaktieren. Die Leitung wird in die Wand der Kavität hinein geführt, wo sie zusätzlich durch eine obenliegende Masse geschirmt ist. Aufgrund der vergleichsweise geringen Tiefe der Kavität fällt der Via-Stapel im Bereich der quasi-koaxialen Leitung entsprechend kurz aus. Dieser LGA-Übergang wird im folgenden Kapitel durchwegs Anwendung finden, da alle eingesetzten Halbleiter samt Goldkontakte in der zweistufigen Kavität problemlos integriert werden können.

Von diesem Übergang werden fünf auf dem Testsubstrat Ultralam 2000 bestückte Paare analysiert. Das Trägersubstrat verfügt über eine Höhe von 482 µm und ist durch eine relative Permittivität von ε_r'=2,43 und einem Verlustwinkel tanδ=0,0027 charakterisiert. Eine gleichmäßige Benetzung der Lötstelle wird durch aufbringen der Lotpaste im Schablonendruck erreicht, siehe Abbildung 3.21(b).

Das Ergebnis in Abbildung 3.22 zeigt eine hohe Bandbreite in Simulation und Messung. Die Einfügedämpfung zweier Übergänge erreicht die 3 dB-Marke bei Frequenzen

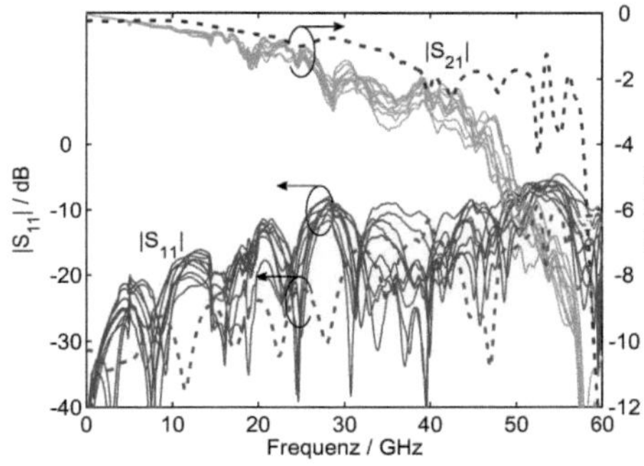

Abbildung 3.22 – Messung (-) von 10 Übergängen und Simulation mit *Microwave Studio* (- -).

um 45 GHz. Auffällig sind schwache Resonanzen, die besonders in der Transmission erkennbar sind und auf die endliche Massemetallisierung zurückzuführen sind. Die Reflexion erreicht in der Messung deutlich höhere Werte als in der Simulation. Hierfür ist jedoch nicht der gelötete Übergang verantwortlich, sondern eine Fehlanpassung in der Kavitätsdurchführung, wie die Zeitbereichsreflektometrie ergeben hat. Die Impedanz erreicht dabei Werte von bis zu 57 Ω, die auf beiden Seiten eine Störung hervorrufen. Dennoch zeigen die Messergebnisse, dass die entworfenen LGA-Übergänge reproduzierbar gelötet werden können und eine geringe Streuung in der elektrischen Charakteristik zu erwarten ist.

In einer weiteren Messreihe wird das Übersprechen zwischen Tor 1 und Tor 4 ermittelt, siehe hierzu Abbildung 3.23. Dazu werden die übrigen Tore 2 und 3 mit den gedruckten Widerständen aus Kapitel 1 abgeschlossenen. In dieser Konfiguration wird ein Übersprechen von bis zu -17 dB gemessen. Dieser Wert kann durch geschirmte Koplanarleitungen auf dem Trägersubstrat noch verbessert werden, jedoch sind auch in diesem Fall Werte von bestenfalls -25 dB in der Simulation erzielt worden [163].

Der zweite Übergang, der in Abbildung 3.24(a) gezeigt ist, ermöglicht einen Signaltransport von der Oberseite des Moduls in das Trägersubstrat. Dadurch erstreckt sich die

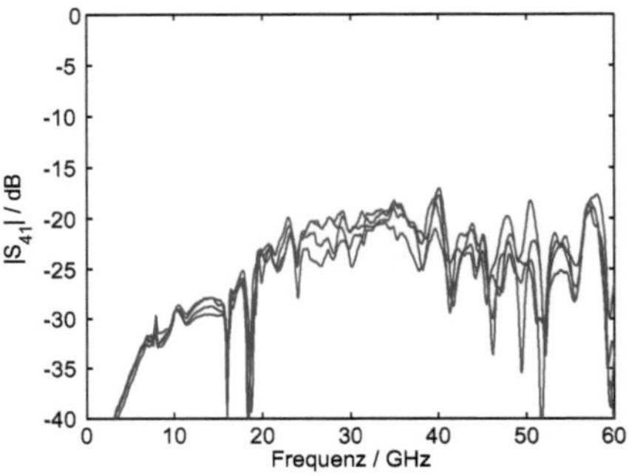

Abbildung 3.23 – Gemessenes Übersprechen benachbarter Übergänge.

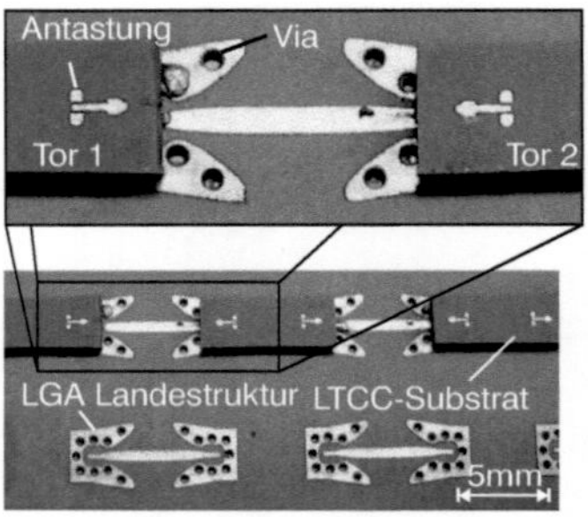

(a) Testübergang

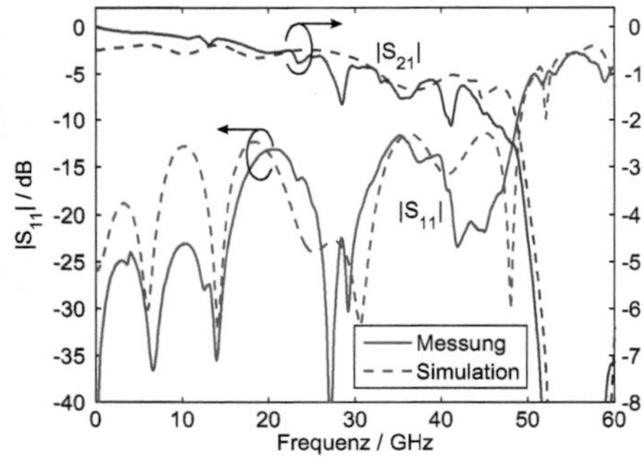

(b) Messung und Simulation

Abbildung 3.24 – Doppelter LGA-Übergang von der Oberseite des Gehäuses auf *RT/duroid 6002*-Substrat (h=254 µm) [176].

vertikale Signalführung über alle Ebenen der Keramik. Als zweiter Unterschied im Vergleich zum ersten Typ verläuft die Leitung auf der Oberseite, sodass die Durchführung durch die Wand der Kavität entfällt. Schließlich wird auf das Material RT/duroid 6002 mit einer Höhe von 254 µm zurückgegriffen. Es zeichnet sich durch eine vergleichbare relative Permittivität $\varepsilon_r = 2,94$ bei geringerem Verlustwinkel $\tan\delta$=0,0012 aus.

Aufgrund der optimierten, halboffenen Leitung hat die Länge der vertikalen Strecke keinen nennenswerten Einfluss auf die Übertragungsfunktion, wie auch durch Simulationen in [163] gezeigt wurde. Die in Abbildung 3.24(b) dargestellten Ergebnisse sind denen des ersten Typs sehr ähnlich, weisen jedoch aufgrund des höherwertigen Trägersubstrates eine noch höhere Bandbreite und eine geringerer Dämpfung auf. Zusätzlich ist eine bessere Übereinstimmung zwischen Simulation und Messung zu erkennen.

Anhand der Beispiele und Betrachtungen kann gezeigt werden, dass der entwickelte LGA-

Übergang eine Lösung zur elektrischen Kontaktierung von Modulen auf Basis einer Oberflächen-Lötmontage für Frequenzen bis über 40 GHz darstellt. Die Verbindung verfügt über hohe mechanische Stabilität, niedrige Einfügedämpfung und kompakte Abmessungen.

4 Integration von Komponenten

In den vorherigen Kapiteln sind alle notwendigen Elemente erarbeitet worden, um Schaltungskonzepte in gehäuste Module mit hohem Anteil an passiver Integration umzusetzen. Die Toleranzanalyse hat gezeigt, dass passive Schaltungsteile mit hoher Komplexität zuverlässig und mit geringen Streuungen hergestellt werden können. Die Zusammenschaltung der einzelnen Blöcke soll in dem folgenden Abschnitt unter Beweis stellen, dass repräsentative Schaltungen mit hoher Präzision realisiert werden können. Hierzu werden drei Schaltungskonzepte aus dem Bereich der elektrischen Signalerzeugung und -umsetzung ausgewählt. Die Komponenten, ein Schottky-Diodenmischer, ein Verdreifacher auf Basis eines Feldeffekt-Transistors sowie ein Oszillator mit einem Bipolar-Transistor als aktivem Element, weisen einen steigenden Grad an Komplexität auf. Hierzu werden bekannte Schaltungskonzepte herangezogen und der Schwerpunkt auf die Integrationsmethodik gelegt.

4.1 Mischer

Mischer sind nichtlineare Schaltungen, die ein Hochfrequenzsignal mit beliebiger Wellenform mit Hilfe eines periodischen zweiten Signals in eine andere Frequenzlage umsetzen. In Empfängern wird ein solches Element zum Beispiel zum Abwärtsmischen des Empfangssignals in eine Zwischenfrequenzlage (ZF) eingesetzt, wo es weiterverarbeitet wird.

4.1.1 Schaltungskonzept und Integrationsansatz

Aufgrund der Tatsache, dass zur Frequenzumsetzung lediglich eine nichtlineare Kennlinie notwendig ist, gibt es eine ganze Reihe von Schaltungskonzepten. Eine weit verbreitete Schaltung ist in Abbildung 4.1 gezeigt [177]. Sie besteht aus einem Koppler bei der Hoch-

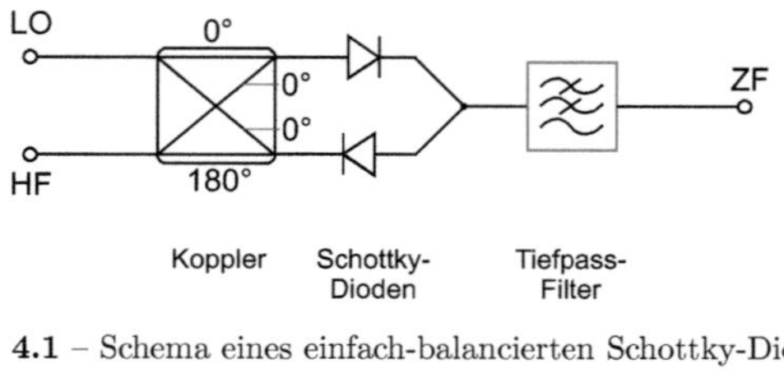

Abbildung 4.1 – Schema eines einfach-balancierten Schottky-Diodenmischers.

frequenz, einem Schottkydiodenpaar sowie einem Tiefpassfilter, welches mit dem Mittenkontakt der Dioden-Anordnung verbunden ist. Der Koppler teilt Lokaloszillator (LO) und Empfangssignal (HF) zu gleichen Teilen, jedoch mit einer Phasendifferenz von 0° bzw. 180° auf die Dioden auf, sodass die Dioden vom Großsignal des LO im Gegentakt und vom Kleinsignal der HF im Gleichtakt betrieben werden. Man spricht deshalb auch vom Gegentaktmischer. Das Tiefpassfilter am Mittenkontakt des Diodenpaares sorgt für den richtigen Reflexionsfaktor des Großsignals sowie zur Filterung des ZF-Signals. Der Gegentaktbetrieb mit zwei Dioden erlaubt einerseits eine geringe Pumpleistung von wenigen mW, zeigt im Vergleich zum Ein-Diodenmischer aber auch ein günstigeres Intermodulationsverhalten.

Für einen Entwurf bei 20 GHz wird ein Ringkoppler (engl. *Rat-Race-Coupler*) in Mikrosteifenleitungstechnik ausgewählt, wie er eingehend in [164] beschrieben ist. Der Koppler verfügt zwar im Vergleich zu anderen Strukturen über eine geringe Bandbreite, jedoch hat er einen Umfang von nur 1,5 Wellenlängen und führt im K-Band zu kompakten Abmessungen. Das Tiefpassfilter hingegen benötigt in planaren Ausführungen weitaus mehr Platz, insbesondere wenn eine hohe Filterordnung gewünscht ist. Als Ansatz zur Miniaturisierung wird eine Mehrlagenstruktur verwendet, wie sie in Abbildung 4.2(a) illustriert ist. Der Ringkoppler mit Flip-Chip-Diodenpaar und Anpassnetzwerken befindet sich auf

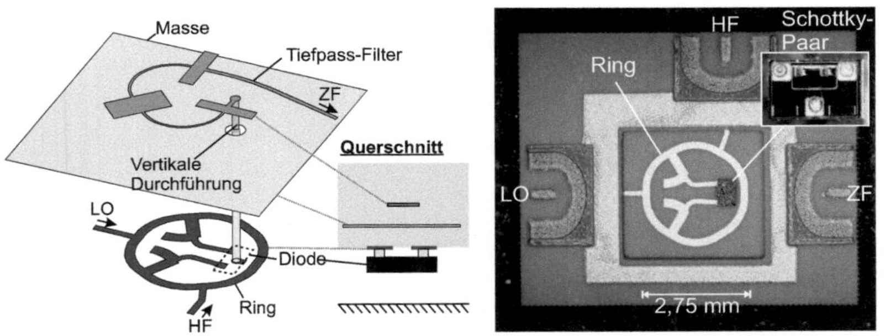

(a) Explosions-Darstellung (b) Modul-Unterseite

Abbildung 4.2 – Realisierung eines einfach-balancierten Schottky-Diodenmischers mit Mehrlagen-Integration.

einer Außenlage in einer zweistufigen Kavität. Der Mittenkontakt wird innerhalb des Ringes durch die Masse geführt, über welcher das Tiefpassfilter integriert ist. Dadurch entfällt eine Leitungskreuzung, die in planarer Bauweise notwendig wäre. Für das Filter wird eine maximal flache Charakteristik fünfter Ordnung gewählt. Bei einer Eckfrequenz von 10 GHz wird eine Dämpfung von mehr als 30 dB bei der LO-Frequenz erreicht. Durch eine gekrümmte Auslegung nimmt das Filter eine vergleichbare Fläche wie der Ringkoppler ein, sodass die Schaltungsfunktion auf einer Fläche von 2,75 mm × 2,75 mm realisiert werden kann. Für die Synthese wird eine geeignete Partitionierung der Schaltung vorgenommen. Das Gehäuse der Dioden inklusive Goldkontakte und vertikaler Durchführung sowie die LGA werden in *Microwave Studio* simuliert, die planaren Strukturen in *ADS Momentum* synthetisiert und optimiert. Die nichtlineare Analyse wird mit einer *Harmonic Balance*-Simulation in *ADS* durchgeführt.

Abbildung 4.2(b) zeigt das Mischermodul von der Unterseite vor Anbringen des Deckels. Die LO-, HF- und ZF-Anschlüsse werden auf die LGA-Übergänge geführt, mit denen das Modul auf ein Trägersubstrat vom Typ *RT/duroid 6002* mit einer Höhe von 254 µm gelötet wird. Aufgrund der Schaltungs-Topologie benötigt diese Komponente keine Netzwerke zur Gleichspannungsversorgung sowie galvanischen Entkopplung. Es können jedoch bereits die wichtigen Merkmale des Modulkonzepts in SMD-Technik aufgezeigt werden.

4.1.2 Ergebnisse

Zur Verifikation des Ansatzes werden die Ergebnisse von zehn Modulen analysiert, die in einem Lötprozesses auf ein Testsubstrat aufgebracht worden sind. Das Ergebnis von Messung und Simulation der Konversion ist in Abbildung 4.3 dargestellt ist. Für die Messung wird wieder die in Kapitel 2.1.2 eingeführte Referenzmethode angewandt. In der linken Spalte sind die charakteristischen Daten der Konversionsverluste dargestellt. Für die Daten der obersten Zeile wird die Zwischenfrequenz bei 1 GHz konstant gehalten und gleichzeitig die Empfangsfrequenz und LO-Frequenz durchschritten. Es wird zunächst die Konversion des oberen Seitenbandes betrachtet. Für die Ergebnisse der zweiten und dritten Zeile wird die LO-Frequenz bei 20 GHz konstant gehalten und die Empfangsfrequenz durchschritten. Die Pumpleistung der LO-Quelle beträgt stets 6 dBm.

Es ist eine Übereinstimmung von Messung und Simulation festzustellen wobei der gemessene Konversionsverlust etwas geringer ist. Für die konstante ZF ist ein niedriger Konversionsverlust von $L_C \leq 10\,\text{dB}$ in einem Band von 19 GHz bis 25 GHz erkennbar. Die damit verbundene relative Bandbreite von etwa 25% ist typisch für diese Art Koppler. Beide Seitenbänder zeigen deutlich die Filtercharakteristik, wobei im unteren Seitenband eine Resonanz bei etwa 7 GHz auftritt. Diese ist auf eine Fehlanpassung durch die Schottky-Dioden in Verbindung mit den Anpassnetzwerken zurückzuführen. Letztere sind für das obere Seitenband optimiert worden. Die Kurven der Isolation zwischen den Toren sind im ähnlichen Format in Abbildung 4.4 gezeigt. Auch für diese charakteristischen Größen zeigen sich typische Werte dieser Topologie.

Aus den Standardabweichungen (jeweils rechte Spalte in Abbildung 4.3 und 4.4) ist ersichtlich, dass mit der eingesetzten Messmethode bestehend aus zwei Laborgeneratoren (*Anritsu MG*-Serie) und einem Spektrum-Analysator (*Rohde & Schwarz FSQ40*) die Herstellungstoleranzen aufgelöst werden können. Die Streuung des Konversionsverlustes ist im Bereich um 20 GHz mit $\sigma = 0,2\,\text{dB}$ am geringsten. Dieser Wert ist nahezu über das gesamte obere Seitenband gegeben, während das untere Seitenband leicht höhere Werte aufweist. Ein weiteres Anzeichen für die hohe Fertigungspräzision sind auch die geringen Streuungen in der Isolation der Tore zueinander, die insgesamt weniger als 5 dB bei Isolationswerten von bis zu 40 dB beträgt.

Diese erste Struktur zeigt, dass einige Grundelemente reproduzierbar zu einem Modul verschaltet werden können. Dazu gehören die Flip-Chip-Montage der Schottky-Dioden,

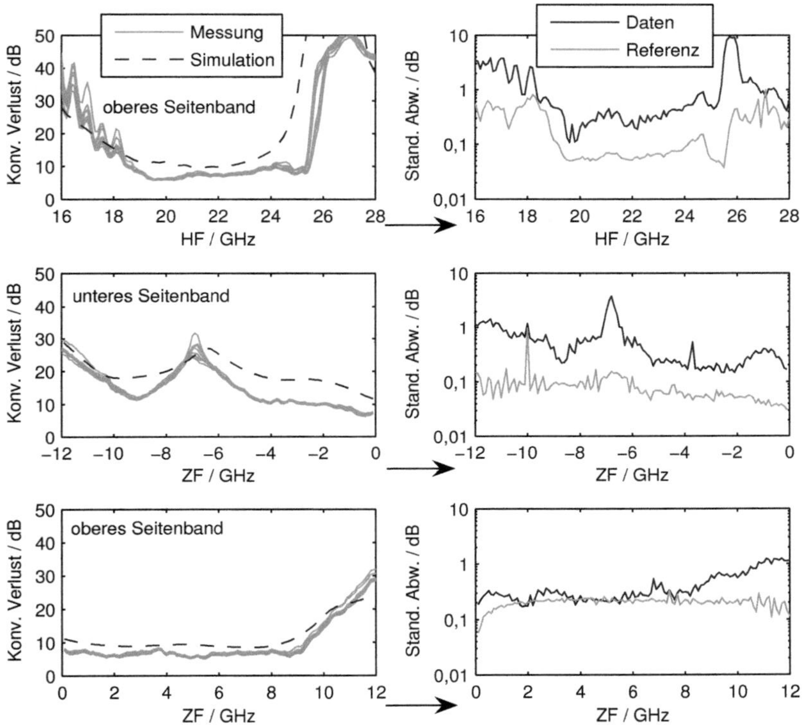

Abbildung 4.3 – Simulation und Messung des Konversionsverlustes von 10 Mischer-Modulen mit Standardabweichung nach der Referenzmethode.

die Lötung der HF-Übergänge auf das Substrat sowie die Fertigung der Keramik. Für letztere spielt aufgrund der weitgehend planaren Anordnung die Druckpräzision eine dominante Rolle. Es sind allerdings auch einige Elemente in die Toleranzmessung einbezogen, die nicht oder nur sehr vage modelliert werden können. Hierzu gehört zum einen der Halbleiter, aber auch der Einbau des Substrates in ein Testgehäuse mit koaxialen Steckverbindern. Die Montage der Steckverbinder dürfte insgesamt eine untergeordnete Rolle spielen, da immer dasselbe Testsubstrat verwendet wird. Von Dioden ist allgemein bekannt, dass der Halbleiterprozess zuverlässige und gleichmäßige Bauelemente liefert.

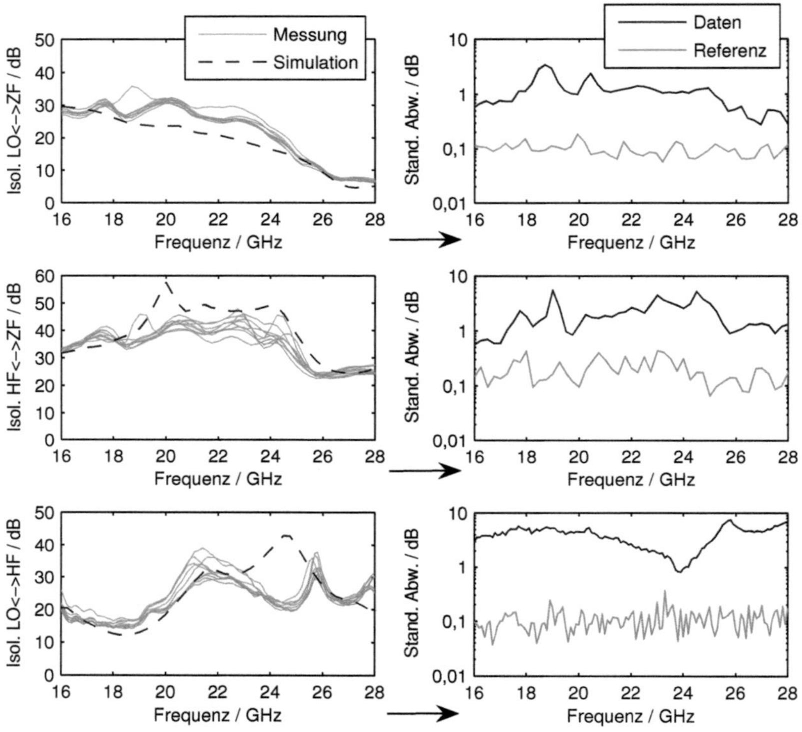

Abbildung 4.4 – Simulation und Messung der Isolation von 10 Mischer-Modulen mit Standard-Abweichung nach der Referenzmethode.

4.2 Verdreifacher

Vervielfacher werden oftmals im Bereich der Signalerzeugung angewendet. Mit ihnen wird ein Signal bei einer niedrigen Frequenz auf eine Harmonische hochgesetzt. Im Vergleich zu einem Mischer liegt jedoch nur ein Eingangssignal über einer ebenfalls nichtlinearen Kennlinie an. Dabei entstehen spektrale Komponenten bei ganzzahligen Frequenzvielfachen.

Es werden theoretisch unendlich viele Komponenten erzeugt, die jedoch nicht alle erwünscht sind. Die Aufgabe der passiven Schaltung um das nichtlineare Element ist es, die unerwünschten Anteile durch Filterung zu unterdrücken und zur Steigerung der Effizienz zu verwenden [178].

4.2.1 Schaltungskonzept und Integrationsansatz

Ebenso wie bei einem Mischer existieren auch eine ganze Reihe von Schaltungen zur Vervielfachung. Für sehr rauscharme Anwendungen sind Varistoren zu bevorzugen, wo hingegen mit Varaktoren weniger Konversionsverluste zu erreichen sind [179]. Alternativ können auch aktive Elemente wie Transistoren verwendet werden, um den Konversionsgewinn zu steigern.

Eine solche aktive Schaltung ist in Abbildung 4.5 dargestellt [180]. Sie wird mit einer

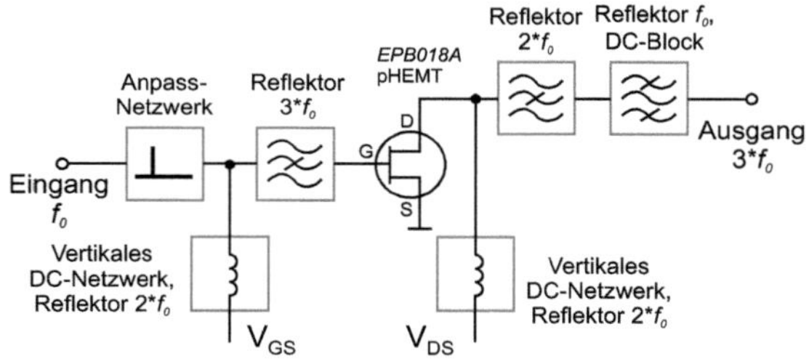

Abbildung 4.5 – Schematische Darstellung einer Verdreifacher-Schaltung mit einem pHEMT als aktivem Element.

Eingangsfrequenz von 6,67 GHz betrieben und soll am Ausgang ein Signal bei 20 GHz mit möglichst hoher spektraler Reinheit liefern. Sie basiert auf der Methode der Reflektornetzwerke, um Blindkreise zu realisieren [181]. Um das aktive Element herum, einem pseudomorphen Feldeffekt-Transistor (pHEMT) *EPB018A* von *Excelics Semiconductor* in Source-Schaltung, sind Filterschaltungen bei den einzelnen Harmonischen angeordnet. Am Gate ist eine Bandsperre bei $3f_0$ sowie ein Netzwerk zur Gleichspannungsversorgung angeschlossen. Letzteres dient bei richtiger Dimensionierung gleichzeitig als Bandsperre bei $2f_0$. Am Eingang befindet sich ein Anpassnetzwerk für die Grundwelle. Am Drain-Anschluss folgt eine Bandsperre bei $2f_0$ sowie ein Bandpassfilter, welches drei Funktionen zur gleichen Zeit erfüllt. Es dient als Reflektor bei der Grundfrequenz f_0, dämpft Signale bei $2f_0$ und entkoppelt die Schaltung galvanisch. Ein- wie ausgangsseitig werden Komponenten bei $4f_0$ oder höher vernachlässigt.

Die planare Prototypschaltung, ausgelegt für eine Lage LTCC Substrat mit h=130 µm, ist in Abbildung 4.6(a) gezeigt. Die Tiefpassfilter zur Gleichspannungsversorgung sind hier als radiale Resonatoren ausgeführt, die am Eingang zu einem Kurzschluss bei $2f_0$ führen. Das Anpassnetzwerk besteht aus einer Leitung mit niedriger Impedanz gefolgt von einem kurzen Leitungstransformator. Die Bandsperre bei $3f_0$ ist als Stichleitung ausgeführt, wobei eine Transformationsleitung zum Gate für die korrekte Phase sorgt. Am Drain-Kontakt ist ebenfalls eine Transformationsleitung angeschlossen, die mit einer Stichleitung einen Reflektor bei $2f_0$ realisiert. Schließlich ist das Bandpassfilter am Ausgang zu erkennen, welches Signale bei f_0 sperrt.

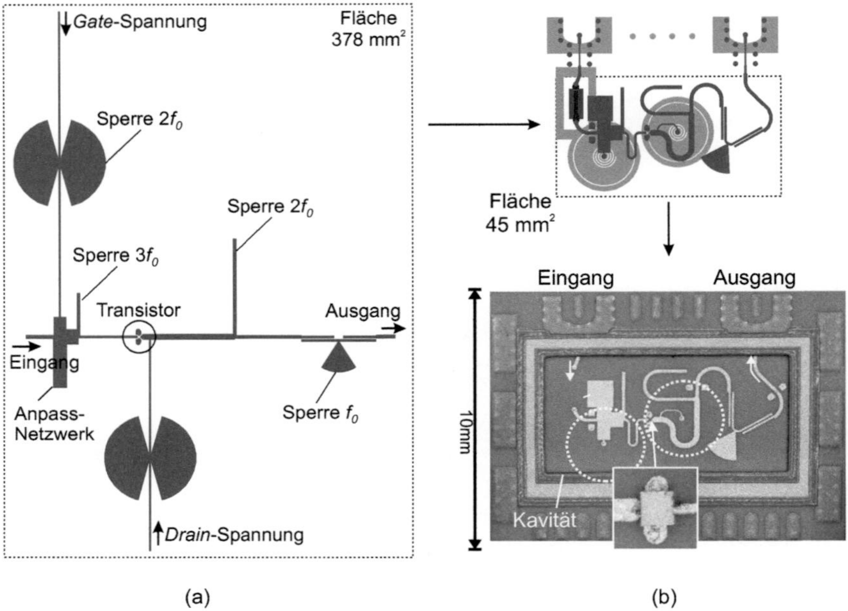

Abbildung 4.6 – Miniaturisierung des Entwurfs eines Verdreifachers unter Verwendung eines LTCC Substrates. (a) Planare Grundschaltung ohne Gehäuse. (b) Kompakte Mehrlagen-Schaltung unter Verwendung der entwickelten Schaltungsfunktionen mit um etwa 88% reduzierter Grundfläche bei gleicher Funktion.

Wie in Kapitel 1.2.2 deutlich geworden ist, nehmen die Tiefpassfilter durch die radialen Resonatoren und die hochohmigen Leitungen einen hohen Anteil der Gesamtfläche ein, die in diesem Fall 378 mm^2 beträgt. Werden sie durch gleichwertige vertikale Speisenetzwerke ersetzt, so kann die Schaltung mittels Mäander und gekrümmter Leitungen auf einer sehr viel kleineren Fläche von 45 mm^2 realisiert werden, siehe Abbildung 4.6(b). Dieses entspricht einer Reduzierung um 88%. Innerhalb dieser Fläche ist noch ein Filter zur Entkopplung von der Gate-Spannung untergebracht. Zur Veranschaulichung ist ebenfalls das realisierte Modul abgebildet. Es zeigt die oberste Metallisierungslage in einer zweistufigen Kavität, in welche der Transistor mit einer Abmessung von 380 µm × 320 µm und vier Goldverbindungen eingesetzt werden. Mit unterbrochenen Kreisen sind die vertikalen Netzwerke unterhalb der Struktur angedeutet. Der Ein- und der Ausgang werden auf jeweils ein LGA geführt, um ein SMD-taugliches Modul zu realisieren. Auf der Gesamtfläche von 10 mm × 14 mm sind zusätzlich Kontakte zur Gleichspannungsversorgung sowie großflächige Bereiche zur verbesserten mechanischen Stabilität der Lötverbindung untergebracht.

4.2.2 Ergebnisse

Ein vollständig bestücktes LTCC-Modul auf einem Trägersubstrat ist in Abbildung 4.7(a) gezeigt. Auf der Modul-Oberseite sind einige SMD-Widerstände sowie ein Bipolartransis-

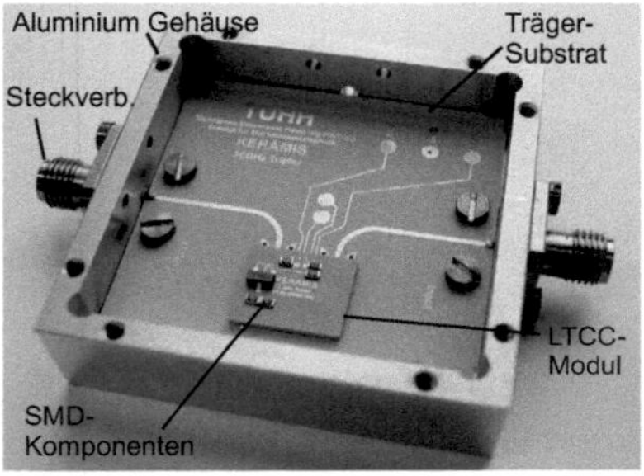

(a) Modul in Testumgebung

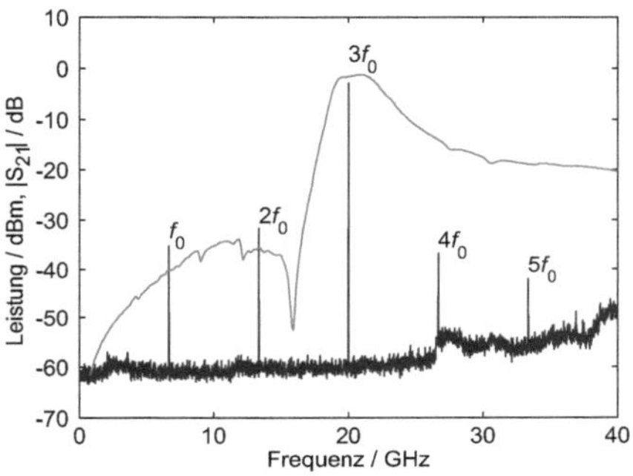

(b) Ausgangsspektrum

Abbildung 4.7 – Bestücktes LTCC-Modul auf Testsubstrat sowie gemessenes Spektrum am Ausgang des Verdreifacher-Moduls mit überlagerter Übertragungsfunktion des Bandpass-Filters.

tor in der Bauform SOT-23 untergebracht. Sie dienen der Regelung des Drain-Stromes, welcher aufgrund von Prozesstoleranzen bei Feldeffekttransistoren mit fester Drain- und Gate-Spannung sehr unterschiedlich ist und zusätzlich noch temperaturabhängig ist [182]. Mit der aktiven Regelung fließt ohne Eingangssignal stets ein Strom von I_D=30 mA über den Drain-Source-Kanal. Zur Messung wird das Modul auf ein Testsubstrat in einem Aluminiumgehäuse aufgebracht und mit koaxialen Steckverbindern versehen.

Das gemessene Ausgangsspektrum ist in Abbildung 4.7(b) dargestellt. Überlagert hierzu ist die Übertragungsfunktion des Bandpassfilters gezeigt. Mit einer Dämpfung von mehr als 30 dB wird eine deutliche Unterdrückung der Anteile bei f_0 und $2f_0$ am Ausgang erreicht. Die Anteile bei $4f_0$ und $5f_0$ sind ebenfalls noch deutlich zu sehen. Obwohl diese Anteile am Ausgang nicht besonders unterdrückt werden, wird dennoch eine spektrale Reinheit von mehr als 30 dBc erreicht.

Eine charakteristische Größe, die die ordnungsgemäße Funktion eines Vervielfachers beschreibt, ist das residuelle Phasenrauschen $L(f)_{Res}$. Gemäß

$$L(f)_{Aus} = L(f)_{Ein} + 20\lg(N) + L(f)_{Res} \quad . \tag{4.1}$$

setzt sich das Phasenrauschen am Ausgang $L(f)_{Aus}$ eines Vervielfachers aus dem Phasenrauschen am Eingang $L(f)_{Ein}$, welches aufgrund der Kohärenz um 20lg(N) angehoben wird, und dem vom nichtlinearen Element hinzugefügten Term zusammen. In dieser Gleichung ist N der Faktor der Vervielfachung.

Für die Messung des residuellen Phasenrauschens war keine spezielle Messtechnik verfügbar, sodass die Funktionsweise indirekt verifiziert worden ist. Für diesen Versuch wird das Verdreifacher-Modul mit einem Synthesizer bei 6,67 GHz zusammengeschaltet. Details zum Aufbau und Funktion der Anordnung sind in [180] zu finden. Es wird zunächst das Einseitenbandrauschen des Synthesizers bei 6,67 GHz gemessen und anschließend mit dem Rauschen bei 20 GHz verglichen. Das Ergebnis dieses Experiments ist in Abbildung 4.8 gezeigt. Für einen idealen Verdreifacher, der dem Eingangsrauschen kein Eigenrauschen

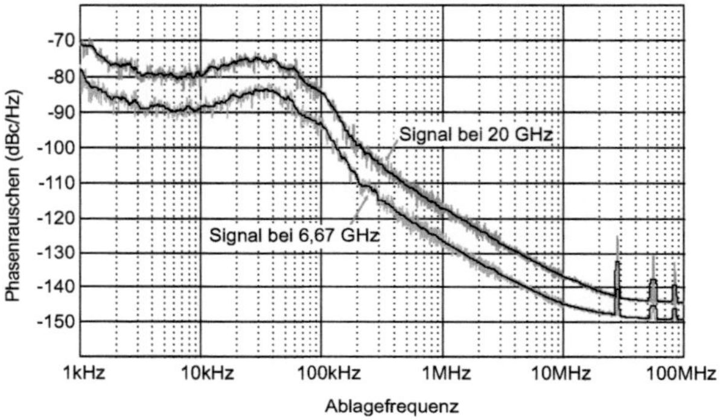

Abbildung 4.8 – Gemessenes Phasenrauschen vor und nach dem Verdreifacher.

hinzufügt, ist das Rauschen am Ausgang um 9,54 dB angehoben. Das mit einem Signal-Analysator (*Rohde & Schwarz FSQ40*) aufgenommene Phasenrauschen vor und nach dem Verdreifacher zeigt einen Unterschied, der etwa in diesem Bereich liegt. Aufgrund der begrenzten Dynamik der Messmethode lässt sich das residuelle Rauschen des Verdreifachers nicht direkt messen, jedoch die ordnungsgemäße Funktionsweise zeigen.

Zur Überprüfung der Reproduzierbarkeit der Konversion werden sechs Verdreifacher-Module unter Anwendung der Messmethode aus Kapitel 2.1.2 analysiert. Das Ergebnis ist zusammen mit den Daten der Simulation in Abbildung 4.9 dargestellt. Die obere Hälfte zeigt den Konversionsgewinn bei den Anteilen f_0, $2f_0$ und $3f_0$ über der Eingangsfrequenz f_0. Es sind größere Streuungen als bei den Mischermodulen zuvor zu erkennen. Die zweite Oberwelle (Nutzsignal am Ausgang) zeigt im interessierenden Bereich Standardabweichungen von 1 bis 2 dB, während die Referenz Abweichungen von unter 1 dB bei allen drei Frequenzkomponenten aufweist. Die Komponenten bei f_0 und $2f_0$ zeigen weitaus höhere Schwankungen von bis zu 5 dB, die durch den wesentlich geringeren absoluten Pegel erklärt werden können.

Wird die Frequenz bei 6,67 GHz konstant gehalten und die Eingangsleistung von -10 bis +8 dBm variiert, so werden die Kurven gemäß Abbildung 4.9 erhalten. Die Ausgangsleistung bei $3f_0$ zeigt Streuungen, die stark von der Aussteuerung des Bauteils abhängen. Selbst bei Eingangsleistungen um 0 dBm sind noch Variationen von 3 dB zu erkennen, die erst ab einer Eingangsleistung von mehr als +6 dBm gegen 1 dB Streuung tendieren. Da

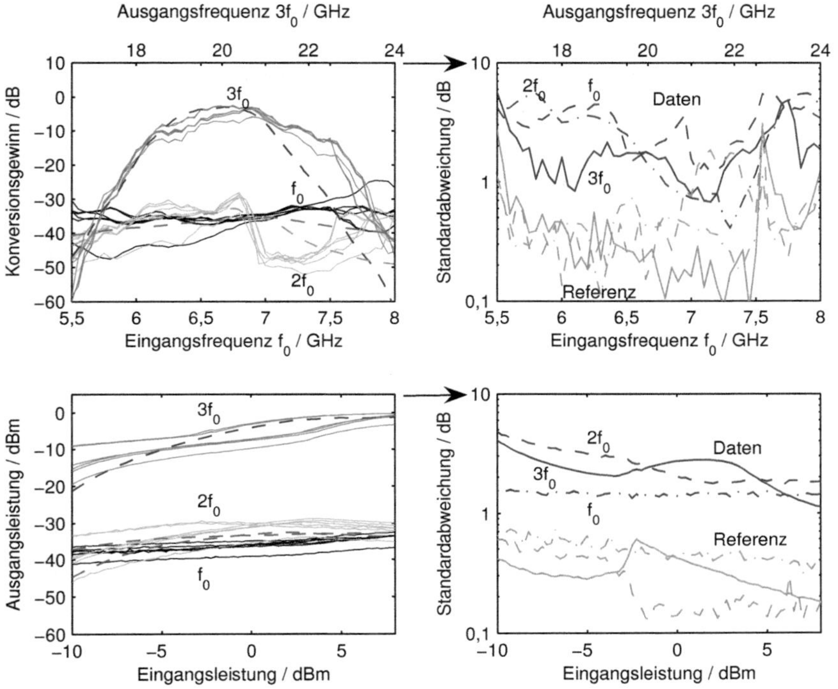

Abbildung 4.9 – Simulierter (- -) und gemessener (-) Konversionsgewinn von sechs Verdreifachermodulen für eine Eingangsleistung von 5 dBm (oben) sowie Sättigungscharakteristik bei $f_0 = 6{,}67$ GHz (unten).

ebenfalls die erste Harmonische mit steigenden Leistungen geringere Streuungen aufweist, die Leistung bei der Fundamentalfrequenz jedoch recht gleichmäßig streut, ist davon auszugehen, dass die nichtlineare Kennlinie des Bauteils stärkere Variationen aufweist und somit für den Zweck eines Vervielfachers nicht geeignet ist.

Trotz der stärkeren Schwankungen kann anhand des Verdreifachermoduls demonstriert werden, dass eine erhebliche Miniaturisierung einer planaren Schaltung unter Verwendung der entwickelten Bibliothek möglich ist. Es ist ebenfalls gezeigt worden, dass unter Einbeziehung mehrerer harmonischer Frequenzanteile ein Schaltungskonzept für eine Ausgangsfrequenz von 20 GHz erfolgreich umgesetzt werden kann.

4.3 Oszillator

Als dritte Komponente soll im Rahmen dieser Ausarbeitung ein passiv-integrierter Oszillator gezeigt werden [183]. Die Art der Schaltung gehört zu der Kategorie der selbsterregten Schaltkreise, die in Empfängerschaltungen ein möglichst rauscharmes, monofrequentes Signal erzeugen sollen. Für bestimmte Applikationen kann es notwendig sein, die Frequenz der Oszillation über ein Band elektrisch durchstimmen zu können. Diese Variante ist als VCO (engl. *voltage controlled oscillator*) bekannt. Rein passiv integrierte Oszillatoren in LTCC sind bislang kaum publiziert worden. In [43] wurde von einem VCO auf Basis von SMD-Komponenten bei 800 MHz berichtet. Im Folgenden wird gezeigt, dass elektrisch verstimmbare Oszillatoren mittels vertikaler Integration in LTCC sehr kompakt realisiert werden können und zudem ein niedriges Phasenrauschen bei einer Fundamentalfrequenz von 20 GHz aufweisen.

4.3.1 Schaltungskonzept und Integrationsansatz

Das Schaltungskonzept des VCO ist in Abbildung 4.10 dargestellt. Das aktive Element

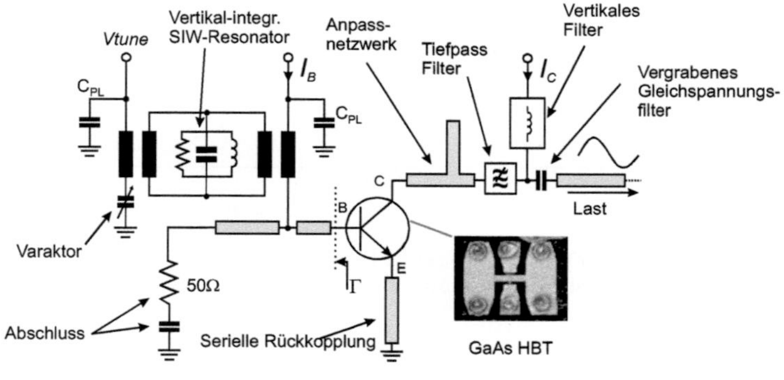

Abbildung 4.10 – Schaltung eines vertikal integrierten Oszillators mit Spannungssteuerung.

ist ein Hetero-Bipolar-Transistor (HBT)[1] in Emitterschaltung.

In der Emitterleitung befindet sich eine serielle Rückkopplungsleitung, mit der eine bedingte Stabilität des Transistors erreicht wird. Die Basisleitung wird mit einem gedruckten Widerstand abgeschlossen, sodass der als Diskontinuität geschaltete vertikale Resonator allein für die Instabilität des rückgekoppelten Verstärkers verantwortlich ist. Das Anpassnetzwerk am Ausgang, dessen Dimensionierung in [184] geschildert wird, sorgt dafür,

[1] Das Bauelement und dessen Modellierung wurde vom *Ferdinand-Braun Institut für Höchstfrequenztechnik* in Berlin entwickelt.

dass der Oszillator auf der Last von 50 Ω am Ausgang anschwingt. Die übrigen Elemente zur Spannungsversorgung und -entkopplung sind bereits aus Kapitel 1 bekannt. Auf die Theorie der Anschwing- und Schwingbedingung soll hier nicht näher eingegangen werden. Im Kleinsignalbereich sind hier erste Formulierungen in [185, 186] zu finden, die später in [187, 188] für den Oszillator-Entwurf im Mikrowellenbereich angewendet worden sind. Im Großsignalbereich sind ebenfalls globale Analysemethoden bekannt [189], die es ermöglichen, Instabilitäten im eingeschwungenen Zustand einer nichtlinearen Schaltung zu erkennen und zu beheben. Im Folgenden wird auf den Entwurf eines verstimmbaren, vertikal integrierten Resonators sowie die Integration der gesamten Schaltung eingegangen.

4.3.2 Vertikal integrierter Resonator

Der Substrat-integrierte Wellenleiter (SIW) ist eine Variante des Rechteckhohlleiters mit dielektrischer Füllung. Er wird in einem planaren Substrat realisiert, indem die Seitenwände mit Durchkontaktierungen und die Ober- und Unterseite durch Substratmetallisierung nachgebildet werden. Sind die Enden des Wellenleiters mit Durchkontaktierungen kurzgeschlossen, so erhält man einen Rechteck-Hohlraumresonator [190]. Durch die Füllung kann einerseits der Grad der Miniaturisierung der Schaltung gesteigert werden, andererseits mindern Verluste im Dielektrikum die Güte. Die Resonanzfrequenz eines Rechteck-Hohlraumresonators berechnet sich bekanntlich aus den Materialparamtern sowie den geometrischen Abmessungen. Eine grafische Darstellung für einen Hohlraum quadratischer Grundfläche mit LTCC als dielektrischer Füllung ist in Abbildung 4.11 gezeigt. Die Grundmode ist etwa bis 40 GHz sinnvoll nutzbar, darüber hinaus könnten auch

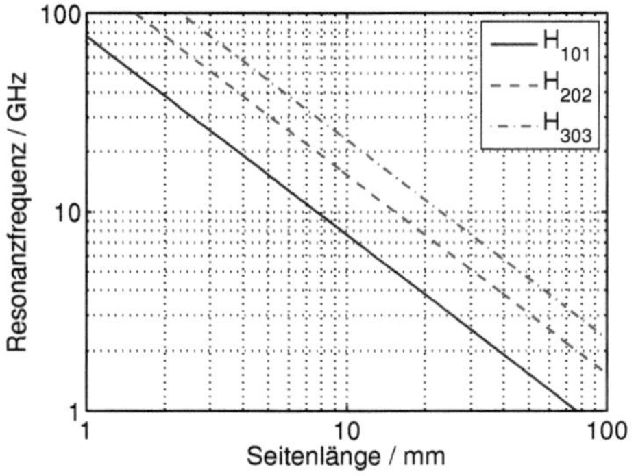

Abbildung 4.11 – Abhängigkeit der Resonanzfrequenz eines Hohlraumresonators quadratischer Grundfläche mit dielektrischer Füllung von ε_r'=7,58.

höhere Ordnungen einbezogen werden, um noch herstellbare Abmessungen zu erhalten.

In der Vergangenheit sind LTCC-basierte SIW-Resonatoren bereits zur Stabilisierung von Oszillatoren bei 6 GHz [191] und 29 GHz [192] eingesetzt worden. In beiden Konzepten wird der Resonator als additives Element in einer hybriden bzw. integrierten Schaltung eingesetzt. Um die dielektrischen Verluste zu reduzieren, wird ein Großteil des Dielektrikums durch Ausstanzen entfernt. Mit einem externen Deckel wird die Kavität nach der Herstellung verschlossen. Für diese Konfiguration sind Güten im Bereich einiger hundert berichtet worden [193]. Alle bislang publizierten Ansätze verwenden den SIW-Resonator bei einer festen Frequenz. Eine Struktur mit einer abstimmbaren Resonanzfrequenz, so wie sie für einen VCO notwendig ist, fehlt bislang und wird im Folgenden erörtert.

Abbildung 4.12 zeigt einen SIW-Resonator, welcher auf vier Lagen untergebracht ist und bei 20 GHz eine äußere Abmessung von 5,2 mm × 5,2 mm erreicht. Obwohl von Ka-

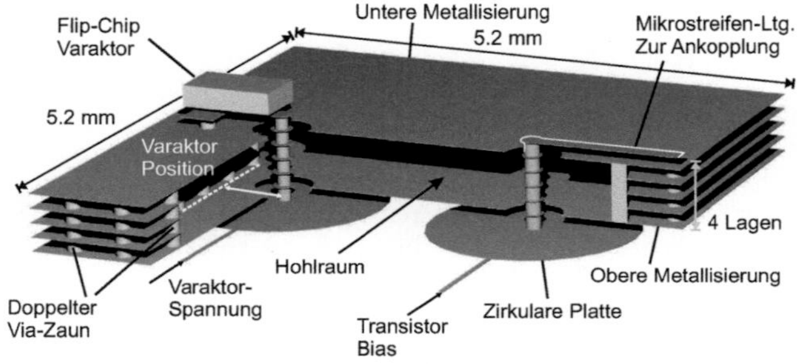

Abbildung 4.12 – Vertikal-integrierter SIW-Resonator mir Varaktor-Abstimmung bei 20 GHz.

vitäten in Innenlagen der Keramik kürzlich berichtet wurde [194], so ist diese Methode zum Zeitpunkt der Herstellung im verwendeten Prozess noch nicht verfügbar gewesen. Die Vorgehensweise, das Dielektrikum zu entfernen und einen externen Deckel anzubringen, erscheint für diese Applikation ebenfalls nicht sinnvoll, da der Resonator dann nicht mehr in die inneren Lagen integriert werden könnte. Aus diesen Gründen ist der elektromagnetische Hohlraum vollständig mit Keramik gefüllt. Die Wände sind als doppelte Via-Zäune ausgeführt, die sich über alle vier Lagen erstrecken und so die obere mit der unteren Metallisierung verbinden. Wie in [195] berichtet wurde, kann die Ankopplung über einen Via-Stapel erfolgen, welcher kapazitiv einkoppelt. Alternativ kann auch eine induktive Ankopplung eingesetzt werden, indem der Via-Stapel mit einem Metallstreifen zur Wand verbunden wird. Hier wird eine dritte Art der Ankopplung verwendet. Sie besteht aus einem Via-Stapel, welcher sich durch den gesamten Resonator erstreckt und durch Boden und Decke hindurch geführt wird. Am oberen Ende ist eine kreisrunde Metallisierung angebracht, die wie eine Flächenkapazität wirkt. Am anderen Ende kann entweder eine Varaktor-Diode angeschlossen werden oder aber die Einkopplung in den Resonator erfolgen. Wird die Scheibe mit einer hochohmigen Leitung verbunden, so kann eine Versorgungsspannung für den Transistor oder aber die Abstimmspannung des Varaktors angelegt werden, ohne dass ein zusätzliches Tiefpassfilter notwendig ist.

Ein Freiheitsgrad, der zur Dimensionierung zur Verfügung steht, ist die Positionierung der Via-Stapel. Hierzu werden verschiedene Strukturen in *Microwave Studio* berechnet und in *ADS* zusammen mit dem Varaktor-Modell ausgewertet. Als Flip-Chip Varaktordiode wird der Typ *MA120H46* von der Firma *M/A-Com* eingesetzt. Es handelt sich hierbei um einen hyperabrupten Übergang mit einem charakteristischen Exponenten von $\gamma = 1$, einer Güte von 3000 bei 50 MHz sowie einer 0V-Kapazität von 1 pF. Der parasitäre Serienwiderstand berechnet sich zu 2,6 Ω.

Wie die Simulation in Abbildung 4.13(a) zeigt, kann die Ankopplung des Varaktors und damit der Abstimmbereich erhöht werden, indem der Via-Stapel näher zur Mitte positioniert wird (zur Definition der Varaktorposition siehe Abbildung 4.12). Dieses ist mit

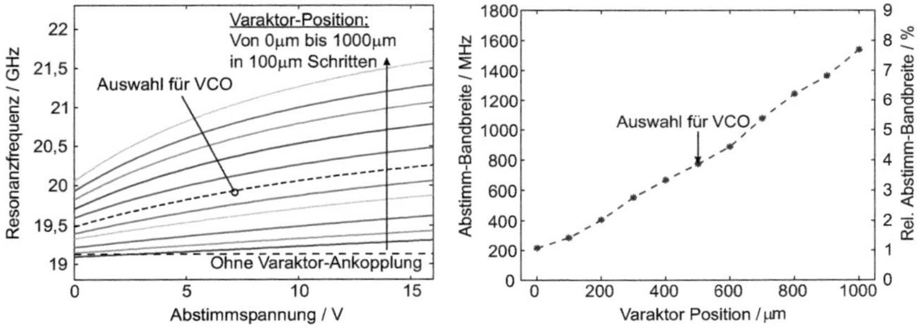

(a) Abstimmbereiche (b) Bandbreite

Abbildung 4.13 – Simulationsstudie zur Dimensionierung des Ankopplung des SIW-Resonators.

der Feldverteilung der H_{101}-Mode erklärbar. Sie besitzt das Maximum des elektrisches Feldes in der Mitte des Hohlraumes. Neben einer Änderung der Bandbreite ist ebenfalls eine Verschiebung des Bandes zu höheren Frequenzen sichtbar. Sie ist in eine Folge der Feldverdrängung durch den Via-Stapel, die zur Mitte hin gravierender wird. In Abbildung 4.13(b) ist als Ergänzung die Bandbreite der Abstimmung in Abhängigkeit von der Varaktor-Position gezeigt. Sie beträgt für den ausgewählten Bereich zwischen 200 und 1550 MHz, bzw. 1% und 7,8%. Dass Positionen in der Nähe von 0 µm nicht zu einer verschwindenden Bandbreite führen, liegt an der Tatsache, dass zwischen Via und Masse stets ein Abstand von wenigstens 200 µm einzuhalten ist, sodass es nie zu einem Kurzschluss mit der Wandung kommt. Für den VCO wird hier eine Bandbreite von 700 MHz ausgewählt.

Eine Veränderung der Ankopplung hat nicht nur eine Änderung der Abstimm-Bandbreite zur Folge, sondern führt aufgrund des parasitären Serienwiderstandes des Varaktors und der Verluste im Koppelnetzwerk auch zu einer Änderung der unbelasteten Güte Q_0. Dieser Parameter wird ebenfalls zunächst durch Simulationen untersucht, siehe Abbildung 4.14(a). Erwartungsgemäß sinkt Q_0 mit stärkerer Ankopplung. Wird ohne Varaktordiode und ohne Ankoppelnetzwerk noch eine Güte von $Q_0 = 238$ erzielt, so sinkt diese für die höchste betrachtete Ankopplung auf bis zu $Q_0 = 60$. Für die Auswahl zur Realisierung des VCOs ergibt sich eine über den Abstimmbereich relativ konstante Güte von etwa Q_0=107 bis 137. Zur Verifikation der Simulationsergebnisse sind die messtechni-

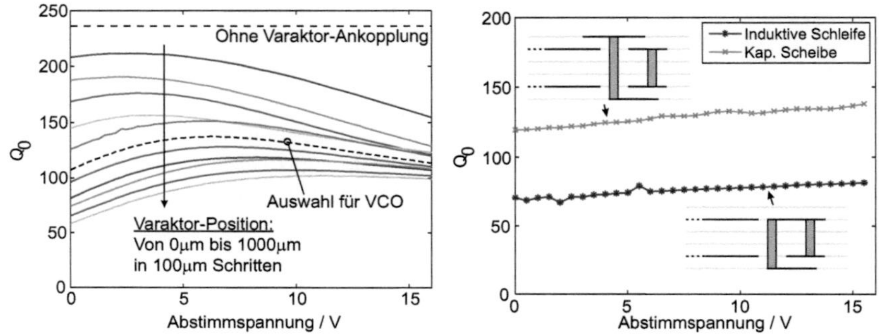

(a) Simulation

(b) Messung

Abbildung 4.14 – Unbelastete Güte des SIW-Resonators.

schen Ergebnisse von zwei verschiedenen Strukturen in Abbildung 4.14(b) dargestellt. Die Struktur mit kapazitiver Scheibe zeigt eine unbelastete Güte im Bereich von $Q_0 = 120$ bis 140. Im Vergleich dazu erreicht eine induktive Ankopplung, so wie sie aus der Literatur bekannt ist, lediglich Werte im Bereich $Q_0 = 65$ bis 80. Die Erklärung für den Unterschied in der Güte findet sich durch die Analyse der Stromdichteverteilung auf der Koppelstruktur, siehe auch [183]. Während die Ströme auf der induktiven Schleife sehr hohe Dichten im Bereich des Steges zur Masse hin zeigen, so verteilen sie sich auf der kapazitiven Struktur ganzflächig, was geringere Verluste mit sich bringt. Aufgrund der höheren Güten wird im Folgenden nur noch die Struktur mit der kapazitiven Scheibe eingesetzt.

Wird der Resonator als Diskontinuität an eine reflexionsarm abgeschlossene Leitung geschaltet, ergibt sich der Verlauf in Abbildung 4.15. Diese Charakteristik ist vom Basisan-

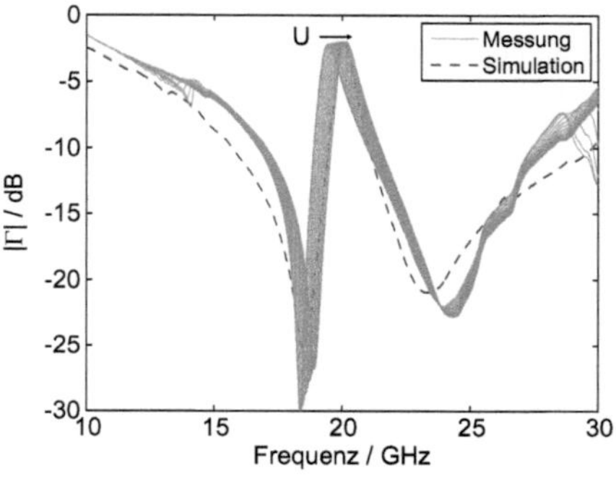

Abbildung 4.15 – Simulierter und gemessener Verlauf des Reflexionsfaktors am Basis-Anschluss des HBTs.

schluss des Transistors messbar. Bei Frequenzen um 18 GHz und 23 GHz beträgt die Phase des Resonators etwa 0°. In der Schaltung bleibt der Resonanzkreis als Diskontinuität bei diesen Frequenzen wirkungslos, sodass die Reflexion minimal wird. Durch Kompensation der Blindanteile von Abschlusswiderstand und Resonator ergibt sich dabei eine bessere Anpassung, als bei dem reinen Leitungsabschluss. In der Resonanz beträgt der Betrag der Reflexion etwa -2,5 dB. Dieses Maximum lässt sich mit der Abstimmspannung zu höheren Frequenzen verschieben. In der Oszillatorschaltung genügen die Amplitude und Phase dem Nyquist-Kriterium im Kleinsignalbereich, sodass ein Anschwingen möglich ist.

Das vertikal integrierte VCO-Modul mit allen entwickelten Elementen ist in Abbildung 4.16 dargestellt. Mit unterbrochenen Linien sind die Elemente unterhalb der Mikrostrei-

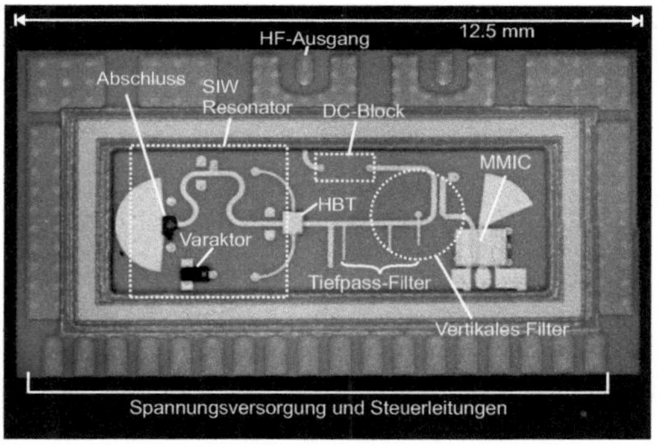

Abbildung 4.16 – Vertikal integrierter VCO mit Halbleiter-Bestückung.

fenmasse angedeutet. Um die aktive Schaltung sind Anschlüsse zur Spannungsversorgung und Steuerung sowie hochfrequenten Signalführung angeordnet. Das Modul ist mit einer Gesamtabmessung von 12,5 mm × 8,5 mm nur unwesentlich größer als der eigentliche Schaltungskern[2].

4.3.3 Temperaturkompensation

Für schmalbandige Schaltungen wie Oszillatoren können Einflüsse der Temperatur störend sein, insbesondere in Hinblick auf die Frequenzdrift. Für das VCO-Modul aus Abbildung 4.16 ist eine derartige Empfindlichkeit gegenüber der Temperatur festgestellt worden. Werden die Beiträge der beteiligten Halbleiter zur Gesamtdrift mittels Simulation ermittelt, so ist eine erhebliche Diskrepanz im Vergleich zur Messung festzustellen. Es daher notwendig, auch das Verhalten des keramischen Materials mit in die Simulation einzubeziehen. Im Folgenden wird die temperaturabhängige Permittivität daher zunächst bestimmt.

[2]Die mit abgebildete integrierte Schaltung (MMIC) ist für die VCO-Schaltung nicht von Bedeutung. Ihre Funktion wird in Kapitel 5.1 näher erläutert.

4.3.3.1 Quantifizierung der Drift

Um die Temperaturdrift des keramischen Materials zu ermitteln, bedarf es einer passiven Teststruktur, die bei verschiedenen Temperaturen gemessen wird und deren Änderung in der Charakteristik Aufschluss über die Änderung der Permittivität gibt. Eine nicht spezifisch für diesen Versuch entworfene, aber dennoch geeignete Struktur ist das vertikale Filter aus Kapitel 1.2.2. Es weist mehrere parasitäre Resonanzen im Bereich zwischen 20 GHz und 65 GHz auf (siehe auch Abbildung 2.14), die sich mit der Temperatur verschieben. Da bereits früher beobachtet werden konnte, dass die Drift in guter Näherung proportional zur Temperatur verläuft, genügt es, die Charakteristik bei einer sehr niedrigen (-20°C) und bei einer sehr hohen Temperatur (+80°C) zu messen und die Frequenzverschiebung zu erfassen. Das Ergebnis dieser Messung ist in Abbildung 4.17(a) dargestellt. Es ist eine Verschiebung der Resonanzen zwischen -80 und -50 ppm/K zu

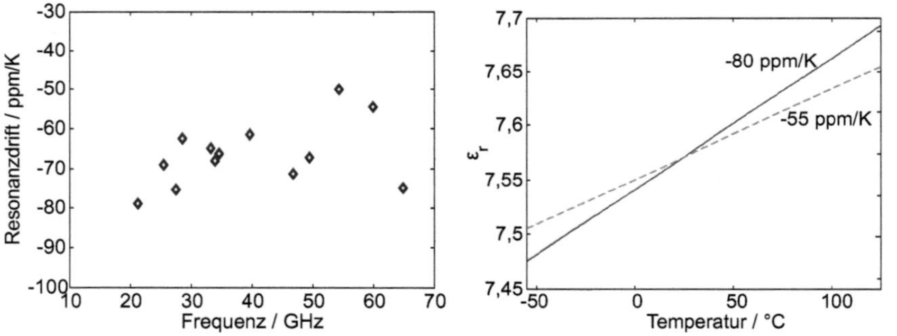

(a) Resonanzverschiebung des vertikalen Filters

(b) Berechnete Drift der Permittivität

Abbildung 4.17 – Ermittlung der Temperaturdrift und Berechnung der temperaturabhängigen Permittivität [196].

erkennen. Wird angenommen, dass sich die Frequenzänderung umgekehrt proportional zur Änderung der Quadratwurzel der relativen Permittivität verhält, so ergibt sich eine Temperaturabhängigkeit wie in Abbildung 4.17(b).

Mit der gewonnen Temperaturabhängigkeit des keramischen Materials soll die Oszillatorschaltung genauer untersucht werden. Hierzu werden die Beiträge einzelner Schaltungselemente berechnet, siehe hierzu Abbildung 4.18. Es zeigt sich, dass der Transistor einen nahezu vernachlässigbaren Anteil von etwa ±1 MHz über den gesamten Bereich aufweist. Der Varaktor geht mit einem Anteil von etwa ±10 MHz ein. Unter Berücksichtigung der dominierenden Drift der Permittivität wird schließlich eine Frequenzverschiebung von maximal ±90 MHz in einem Intervall von 100 K berechnet. Der gemessene Verlauf wird mit einer Änderung von annähernd ±100 MHz akzeptabel angenähert. Durch die verbesserte Modellierung kann so eine Vorhersage für das Verhalten einer jeden LTCC-Schaltung bei verschiedenen Betriebstemperaturen erfolgen.

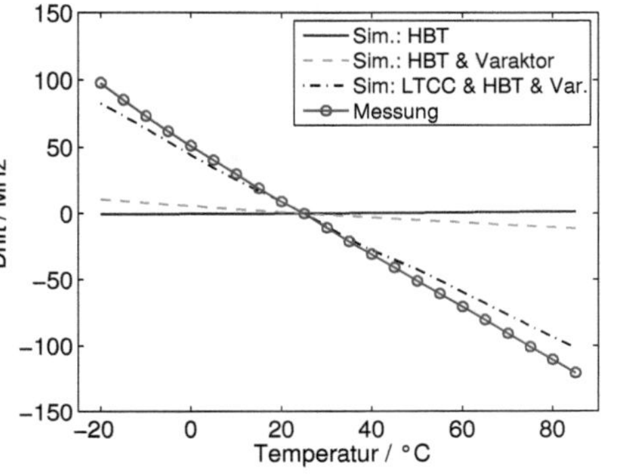

Abbildung 4.18 – Vergleich zwischen Drift in der Simulation und in der Messung.

Im Vergleich zu der gesamten VCO-Bandbreite von etwa 600 MHz ist die gemessenen Drift von etwa 200 MHz unakzeptabel. Im Folgeschritt wird daher eine geeignete Temperaturkompensation für den Oszillator vorgestellt [197].

4.3.3.2 Entwicklung der Temperaturkompensation

Da das Substratmaterial vorgegeben ist und die Drift nicht beeinflusst werden kann, wird dem Resonator eine Struktur hinzugefügt, die für eine Kompensation sorgt. Dazu wird der die SIW-Struktur um eine zweite Ankopplung mit einer zweiten Varaktordiode ergänzt und die Resonanzfrequenz mit einer Steuerspannung nachgeführt. Aus der Simulationsstudie in Abbildung 4.13(b) kann entnommen werden, dass die Varaktor-Position am Rande des Resonators gerade einen Abstimmbereich von 200 MHz erlaubt. Dieser genügt, um die Temperaturdrift zu kompensieren.

Zur Verifikation des Konzeptes wird die modifizierte Oszillatorschaltung messtechnisch untersucht, siehe Abbildung 4.19. Da die Schwingfrequenz von zwei Spannungen abhängt, ergibt sich ein dreidimensionaler Graph. Jede Spannung wird hierzu in einem Bereich von 0 bis 17,5 V durchgestimmt und die Frequenz mit einem Spektrumanalysator erfasst. Aus der Messung zeigt sich, dass die zweidimensionale Funktion näherungsweise eine schräge Ebene darstellt. Das Verhalten zeigt sich noch besser in den Gradienten entlang beider Spannungen. Die hierdurch ermittelte Größe beschreibt die Sensitivität des VCOs und wird üblicherweise mit K_{VCO} abgekürzt. Beide Eingänge zeigen nur eine geringe gegenseitige Abhängigkeit und über einen weiten Bereich eine konstante Empfindlichkeit. Eingang 1 (K_{VCO1}) besitzt eine Sensitivität von bis zu 12 MHz/V, wohingegen der Eingang 2 (K_{VCO2}) einen Wert bis zu 35 MHz/V aufweist.

Um die Temperaturkompensation zu vervollständigen, muss ein Temperaturfühler auf der Keramik angebracht werden, welcher die Umgebungstemperatur in eine Spannung zur Ansteuerung des Varaktors wandelt. Für die Kompensation werden im Allgemeinen Thermistoren verwendet, die durch den Widerstand bei Raumtemperatur R_S sowie einem charakteristischen Exponenten B beschrieben sind [198]. Wie die Kurve in

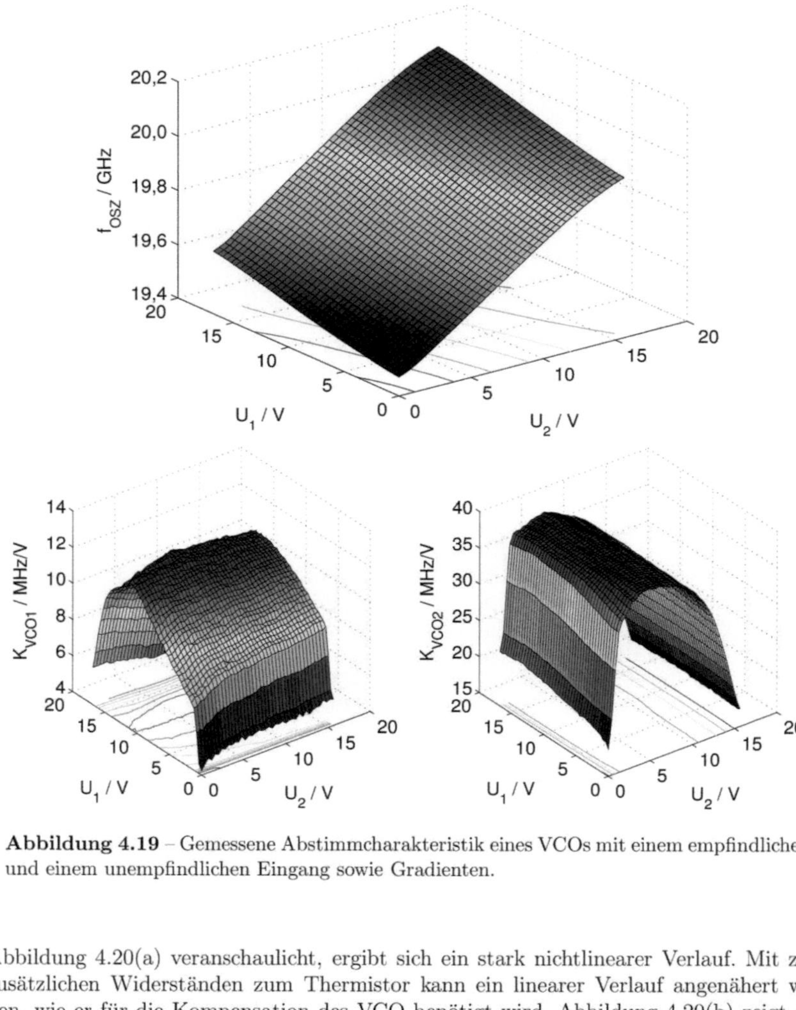

Abbildung 4.19 – Gemessene Abstimmcharakteristik eines VCOs mit einem empfindlichen und einem unempfindlichen Eingang sowie Gradienten.

Abbildung 4.20(a) veranschaulicht, ergibt sich ein stark nichtlinearer Verlauf. Mit zwei zusätzlichen Widerständen zum Thermistor kann ein linearer Verlauf angenähert werden, wie er für die Kompensation des VCO benötigt wird. Abbildung 4.20(b) zeigt den Verlauf der Kompensationsspannung U_C für verschiedene Widerstandskombinationen R_1 und R_2 sowie einer idealen Linearisierung für den Temperaturbereich von $T = -25$ und $+85$°C. Es wird deutlich, dass der lineare Verlauf in einem Temperaturintervall von 50 K gut angenähert wird. Bei sehr niedrigen bzw. sehr hohen Temperaturen gibt es durch den S-förmigen Verlauf stärkere Abweichungen von der idealen Linie. In Hinblick auf die Linearisierung des VCOs wird dieser Fehler noch durch die reduzierte Empfindlichkeit bei

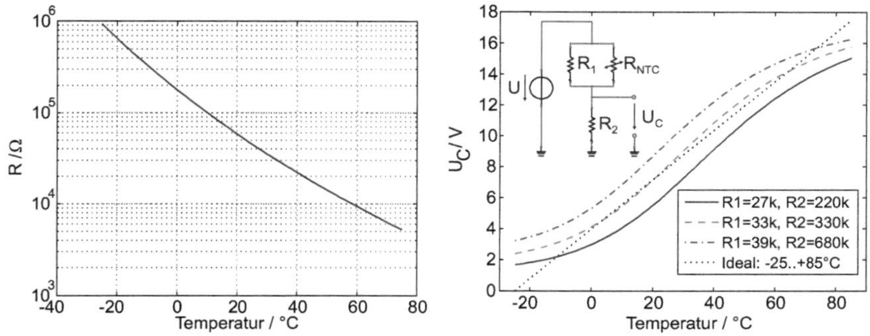

(a) Temperaturabhängigkeit (b) U_C über der Temperatur mit $U = 17,5\,V$

Abbildung 4.20 – Linearisierung eine NTC-Widerstandes zur Temperaturkompensation des VCOs nach [198] mit den Werten $R_S = 47\,\mathrm{k}\Omega$, $B = 4500$.

niedrigen bzw. hohen Spannungen verstärkt, sodass die Drift im Wesentlichen im Bereich des Wendepunktes der Kurven kompensiert werden kann.

4.3.3.3 Verifikation

Das Kompensationskonzept soll anhand von drei verschiedenen Modulen verifiziert werden (siehe hierzu Abbildung 4.21). Zwei Module verfügen über lediglich eine einzige Va-

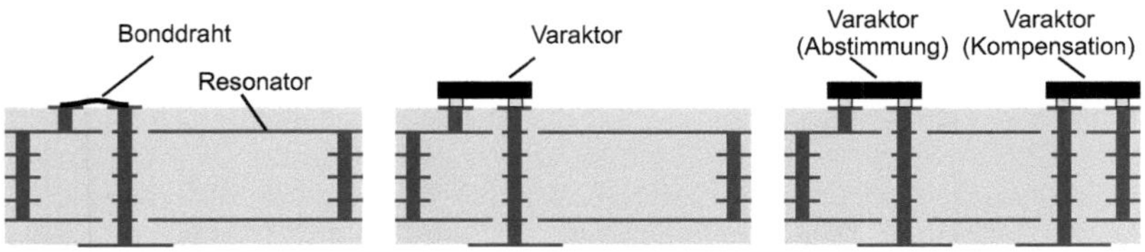

(a) Modul A, mit Bonddraht (b) Modul A, mit Varaktor (c) Modul B, mit Kompensation

Abbildung 4.21 – Illustration der drei Aufbau-Varianten für die Verifikation.

raktorankopplung. Hiervon ist je eines mit einem Bonddraht beziehungsweise mit einer Varaktordiode bestückt worden. Das dritte Modul verfügt über eine Temperaturkompensation und wurde auf der Oberseite mit den notwendigen Elementen ausgestattet, wie es in Abbildung 4.22(a) dargestellt ist. Dazu gehören der Thermistor mit $R_S = 47\,\mathrm{k}\Omega$ und $B = 4500$, die Widerstandskombination mit $R_1 = 33\,\mathrm{k}\Omega$ und $R_2 = 330\,\mathrm{k}\Omega$ sowie ein Kondensator von $1\,\mathrm{nF}$ zur Stabilisierung. Im Bild sind ebenfalls die obere Scheibe und die Zuleitung der Resonatorankopplung angedeutet. Durch die kleine Bauform (0402) aller Komponenten wird ein geringer Platz von wenigen mm^2 benötigt.

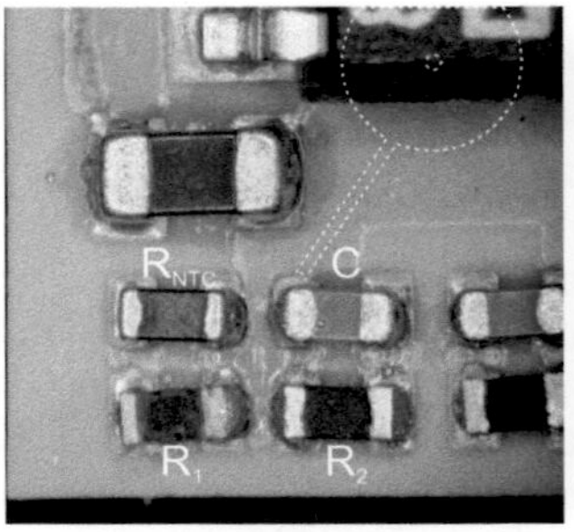

(a) SMD-Bestückung

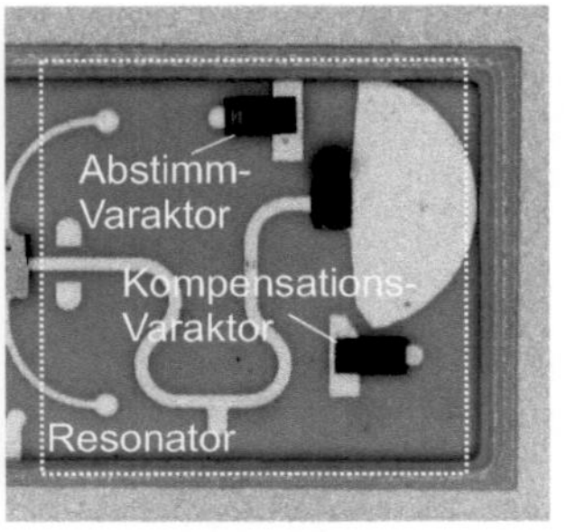

(b) Hybride Bestückung

Abbildung 4.22 – Bestückung des VCO-Moduls für die Temperaturkompensation.

Die Kavität des Moduls ist mit dem zweiten Varaktor zur Kompensation bestückt, für den aufgrund der geringen Abmessungen von 1,0 mm × 0,7 mm keine gravierenden Änderungen an der Größe des Moduls vorgenommen werden müssen (siehe Abb. 4.22(b)). Diese Art der Temperaturkompensation benötigt folglich nur fünf Bauelemente bei einer Verlustleistung von weniger als 8,5 mW.

Alle drei Module sind mittels einer thermo-elektrischen Kühl- und Heizvorrichtung in einem Temperaturintervall von -20 bis +85°C betrieben worden. Zur Verhinderung von Kondensation ist der Aufbau bei sehr niedrigen Temperaturen mit trockenem Stickstoff gespült worden. Um die drei theoretisch analysierten Widerstandskombinationen in der Praxis untersuchen zu können, sind die Widerstände R_1 und R_2 für den Test nicht bestückt, sondern extern hinzu geschaltet worden. Das Ergebnis des Versuchs ist in Abbildung 4.23 zu sehen. In der linken Spalte ist oben die absolute Drift der Oszillationsfrequenz über der Temperatur gezeigt. Der Graph darunter beschreibt die differentielle Drift über der Temperatur. Es ist erkennbar, dass die Struktur mit Varaktor eine leicht höhere Temperaturempfindlichkeit aufzeigt als die Version mit Bonddraht. Über das gesamte Intervall beträgt die Drift etwa -2 MHz/K. Mit den ausgewählten Widerstands-Kombinationen lässt sich der Wendepunkt auf etwa 22°C, 30°C oder 38°C festlegen und die Drift um diesen Punkt vollständig kompensieren. Wie die theoretischen Überlegungen ergeben haben, verstärken sich die Fehler in der Linearität des Netzwerkes mit der sinkenden Empfindlichkeit am Anfang und Ende des Abstimmbereiches. Dennoch kann über einen Bereich von etwa 50 K die absolute Drift von ±50 MHz auf weniger als ±5 MHz reduziert werden.

4.3.3.4 Einfluss auf das Phasenrauschen

Aus der Simulationsstudie in Abschnitt 4.3.2 ist deutlich geworden, dass der Varaktor und die Struktur der Ankopplung den Resonator belasten. Damit einher geht eine Reduzierung der unbelasteten und belasteten Güte. Der letzte Parameter ist gemäß der *Leeson*-Formel einer der ausschlaggebenden Parameter für das Phasenrauschen eines Oszillators [199].

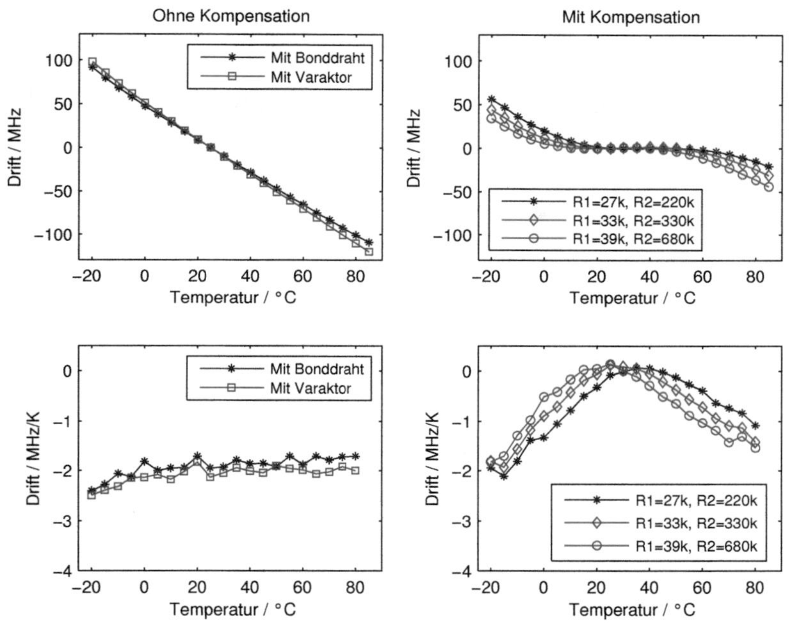

Abbildung 4.23 – Absolute und differentielle Temperaturdrift eines SIW-Oszillators mit Bonddraht anstelle des Varaktors, mit einem Varaktor sowie temperaturkompensierte Schaltung mit zwei Varaktoren und Thermistor-Widerstands-Netzwerk.

Das erfasste Phasenrauschen von den drei zuvor im Temperatur-Experiment untersuchten Modulen ist in Abbildung 4.24 dargestellt. Die Versionen mit und ohne Bonddraht

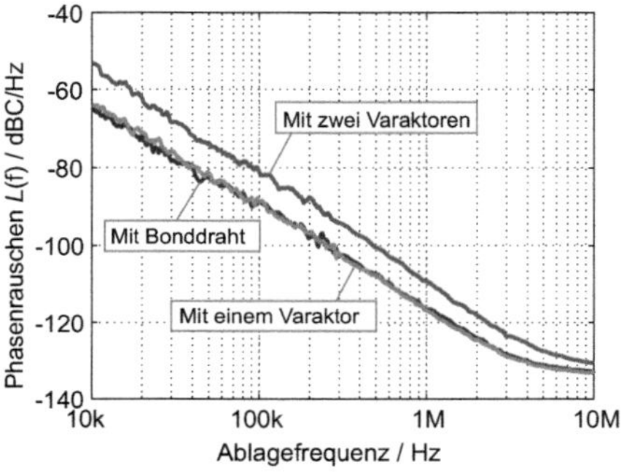

Abbildung 4.24 – Gemessenes Phasenrauschen des SIW-Oszillators mit und ohne Kompensation.

führen zu etwa dem gleichen Phasenrauschen von -118 dBc/Hz bei einer Ablagefrequenz von 1 MHz. Dass hier kein wesentlicher Unterschied zu sehen ist, liegt an der Tatsache, dass der Bonddraht mit Verlusten behaftet ist. Bei 20 GHz und homogener Stromdichteverteilung auf einem Zylinder mit einem Durchmesser von 25 μm und einer Länge von 1 mm berechnet sich der Serienwiderstand zu etwa 0,6 Ω. Er liegt damit etwa in der gleichen Größenordnung wie der serielle Widerstand der Varaktordiode. Mit einer zweiten Varaktor-Ankopplung steigt das Phasenrauschen auf etwa -112 dBc/Hz, also um 6 dB. Die Erhöhung ist auf die Belastung durch die zusätzliche Koppelstruktur und die zweite Varaktordiode zurückzuführen. Für eine spezifische Anwendung ist also abzuwägen, ob der Vorteil der Temperaturkompensation den Nachteil des höheren Phasenrauschens überwiegt.

4.3.4 Ergebnisse

Abschließend ist es noch erforderlich, einige wichtige Größen der Oszillatorschaltung in Simulation und Messung darzustellen sowie die Reproduzierbarkeit der Topologie zu verifizieren. Zu den Messdaten von 10 Modulen gehören die Abstimmcharakteristik, die Empfindlichkeit sowie die Ausgangsleistung, wie sie in Abbildung 4.25 dargestellt sind. Mit abgebildet sind die Datensätze, die durch die Referenzmethode entstehen. Bei der Abstimmcharakteristik ist ein streuender Versatz zu beobachten, der mit einer Standardabweichung von etwa 15 bis 20 MHz quantifiziert werden kann. Als Hauptursache kommen hier die Toleranzen des Kompensationsnetzwerkes und der 0-V-Kapazität der Varaktoren in Frage, die eine Verschiebung in dieser Größenordnung ermöglichen. Die Empfindlichkeit zeigt nur sehr geringe Schwankungen im Bereich von 2 bis 5 MHz/V, und die Ausgangsleistung schwankt um weniger als 0,5 dB. Im Vergleich zum Verdreifacher aus Kapitel 4.2 zeigt sich, dass der eingesetzte Hetero-Bipolar-Transistor weitaus geringere Streuungen der Charakteristik hinzufügt als der pseudomorphe HEMT.

Trotz leichter Schwankungen kann hier also bewiesen werden, dass es mit dem verwendeten LTCC-Prozess möglich ist, die anspruchsvolle Komponente eines elektrisch verstimmbaren Fundamental-Oszillators bei 20 GHz zu realisieren. Selbst Temperatureinflüsse sind durch geringfügige Änderung der Topologie kompensierbar, sodass Subsysteme und Systeme in der Keramik integriert werden können. Letzteres ist Gegenstand des folgenden und letzten Kapitels dieser Arbeit.

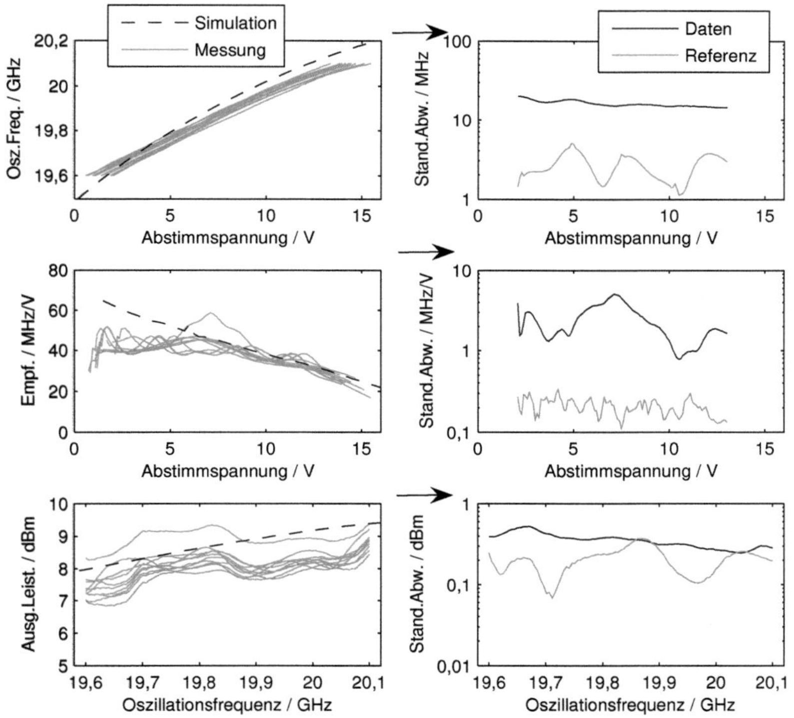

Abbildung 4.25 – Simulation und Messung von 10 VCO-Modulen mit Standardabweichung nach der Referenzmethode.

5 Integration von Subsystemen und Systemen

Die bisherige Diskussion verdeutlicht, dass Komponenten der Kommunikationstechnik mit den hier beschriebenen Ansätzen systematisch, zuverlässig und mit akzeptabler Toleranz hergestellt werden können. In diesem letzten Kapitel soll gezeigt werden, dass einzelne Komponenten zu sehr viel komplexeren Subsystemen und Systemen erweitert werden können und dabei die Vorzüge der Mehrlagentechnologie ausschöpfen. Es werden die letzten beiden Stufen der Systemhierarchie aus Abbildung E der Einleitung aufgezeigt. Es wird zunächst der Oszillator zur stabilen Signalquelle erweitert. Dieses Subsystem bildet die Grundlage für miniaturisierte Konvertersysteme aus Synthesizern und Mischern.

5.1 Subsystem Frequenz-Synthesizer

5.1.1 Schaltungskonzept und Integrations-Ansatz

Synthesizer kommen in Systemen zum Einsatz, wo besonders rauscharme und stabile Referenzsignale erforderlich sind. Es ist hierfür eine Reihe von Lösungen bekannt, die zum Teil sehr hohe Integrationsgrade durch monolithische Integration erreichen [200]. Werden jedoch spezielle Lösungen gefordert, so ist die vollintegrierte Halbleiterschaltung sehr kostenintensiv. Im Folgenden soll gezeigt werden, wie hochstabile Signalquellen auch auf Basis von LTCC realisiert werden können [201].

Abbildung 5.1 zeigt den Integrationsansatz sowie den dazugehörigen Modulaufbau, der prinzipiell bereits vorgestellt wurde. Das Konzept hat als zentrales Element den span-

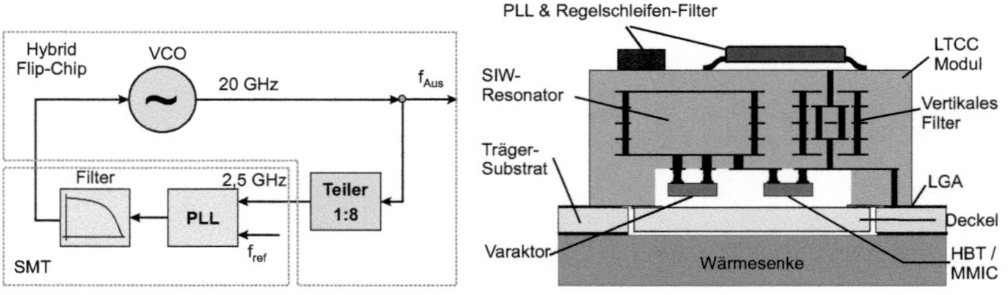

(a) Integrationsansatz (b) Modulaufbau

Abbildung 5.1 – Ansatz zur Integration einer frequenzstabilen LTCC-Signalquelle bei 20 GHz.

nungsgesteuerten Oszillator mit Temperaturkompensation[1]. Durch die Mehrlagen-Integration ist diese Komponente bereits sehr kompakt. Zur Stabilisierung wird der VCO um einen geschlossenen Phasenregelkreis (engl. *PLL-phase-locked loop*) ergänzt. Dieser teilt das zu stabilisierende Signal auf eine sehr viel niedrigere Frequenz herunter, bei welcher es mit einer stabilen Referenz wie zum Beispiel einem Quarzoszillator verglichen wird. Der Ausgang des Phasen-Frequenz-Detektors wird nach einer Tiefpassfilterung zum Schließen des Regelkreises auf den Abstimm-Eingang des VCOs geführt. Welche Komponenten dabei zum Einsatz kommen, richtet sich im Wesentlichen nach den verfügbaren Technologien sowie nach der Frequenz. Um ein 20 GHz-Signal digital zu teilen, sind Technologien mit hohen Grenzfrequenzen notwendig. Integrierte PLL-Schaltungen auf Basis der CMOS-Technologie weisen derzeit Grenzfrequenzen bis zu 8 GHz auf, weshalb ein externer Teiler notwendig ist. Da mit jeder binären Teilung ein J-K-Master-Slave Flip-Flop verbunden ist, welches in der schnellen Emitter-gekoppelten Logik über acht Bipolar-Transistoren verfügt [202], ist eine passive Integration nicht wirtschaftlich. Es wird daher auf die integrierte Schaltung *DV25637* von der Firma *Inphi* zurückgegriffen, die zusammen mit dem hybriden VCO in Flip-Chip-Technik in die Kavität integriert wird, siehe Abbildung 5.1. Am Ausgang des Teilers steht ein Signal bei 2,5 GHz zur Verfügung, welches problemlos mit kommerziell verfügbaren PLL-Schaltungen weiterverarbeitet werden kann. Der Übergang zwischen der Flip-Chip-Technologie und der Oberflächenmontage (*SMT - surface mount technology*) wird durch Integration einer vertikalen Verbindung gelöst. Alle nachfolgenden Elemente werden aufgrund der Bauform auf der Moduloberseite angebracht. Die für den Synthesizer ausgewählte Schaltung ist eine PLL mit Fraktional-N-Technik vom Typ *ADF4154* von der Firma *Analog Devices*. Sie erlaubt es, den Synthesizer mit einer Auflösung von 50 kHz bei 20 GHz durchzustimmen. Die PLL wird von einem aktiven Tiefpassfilter gefolgt, um den VCO über den gesamten Frequenzbereich aussteuern zu können.

Wie aus Abbildung 5.2 hervorgeht, können alle benötigten SMD-Bauelemente auf der Oberseite des bestehenden VCO-Moduls untergebracht werden. Alle Flip-Chip-kompatiblen Halbleiter werden dagegen in der zweistufigen Kavität untergebracht. Der statische Teiler erhält ein um etwa 15 dB abgeschwächtes Signal durch einen passiv integrierten Koppler und liefert am Ausgang ein differentielles Signal bei 2,5 GHz, welches über eine vertikale Durchführung zum PLL-Eingang auf der Moduloberseite gebracht wird. Neben der notwendigen HF- und Logikbeschaltung sind die Bauelemente des aktiven Tiefpassfilters gekennzeichnet, welches aus einem Operationsverstärker *AD8610* von *Analog Devices* nebst einigen Kapazitäten und Widerständen besteht. Im linken Randbereich finden sich die vier Elemente für die Temperaturkompensation des VCO wieder, dessen Arbeitspunkt über ein resistives Netzwerk mit weiteren Kapazitäten zur Filterung eingestellt wird. Der Synthesizer lässt sich also integrieren, ohne dass das VCO-Modul um den VCO-Kern nennenswert vergrößert werden müsste.

[1]Die Temperaturkompensation ist in der Anwendung eines Synthesizers nicht zwingend erforderlich, jedoch vorteilhaft. Der Abstimmbereich des VCOs ist im Vergleich zur unkompensierten Schaltung wesentlich weniger einzuschränken, damit das Subsystem in einem vorgegebenen Temperaturintervall und Frequenzband sicher betrieben werden kann

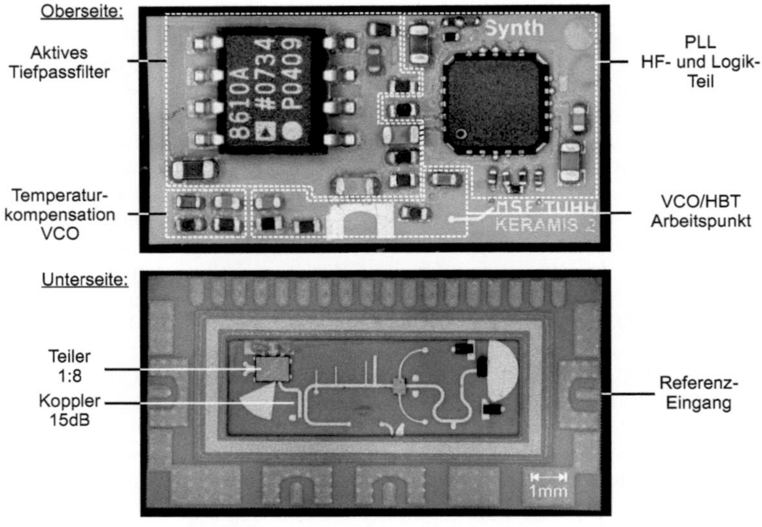

Abbildung 5.2 – SMD- und hybride Bestückung des Synthesizers mit Temperaturkompensation des VCO. Die Außenabmessungen betragen 12,5 × 8,5 mm.

5.1.2 Ergebnisse

Zur Verifikation des Integrationsansatzes werden die Ergebnisse von 10 Modulen herangezogen. Die Daten der Ausgangsleistung und des Abstimmbereiches sind identisch mit denen der VCOs, so wie sie in Abbildung 4.25 dargestellt sind. In Abbildung 5.3 finden sich Ergebnisse des simulierten (*ADI SimPLL*) und gemessenen Phasenrauschens. Es

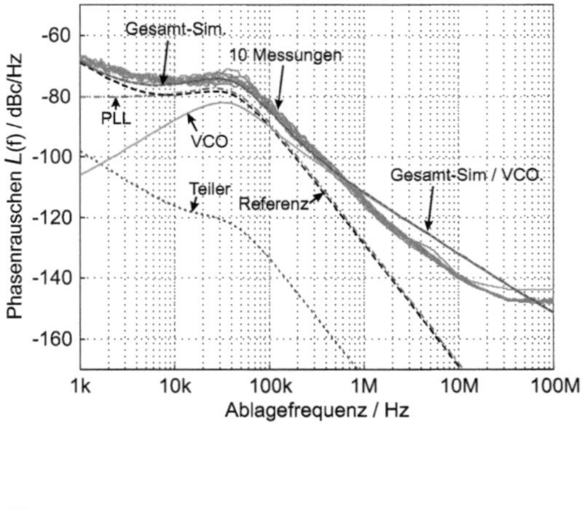

Abbildung 5.3 – Simuliertes und gemessenes Phasenrauschen von 10 Synthesizer-Subsystemen bei 20 GHz im Integer-Betrieb.

ergeben sich sehr geringe Schwankungen zwischen den einzelnen Modulen. In der Simulation können die Beiträge der einzelnen Komponenten zum Gesamtrauschen ermittelt werden. Der Beitrag des statischen Teilers ist demnach am geringsten. Der VCO dominiert außerhalb der Filterbandbreite von 30 kHz und zeigt bei größeren Ablagefrequenzen Abweichungen zur Simulation. Die Ungenauigkeit ist auf die einfache Modellierung des VCOs im PLL-Simulationsprogramm zurückzuführen. Innerhalb der Filterbandbreite dominieren der PLL-Baustein sowie das Phasenrauschen der Referenz, welches deutlich für den Anstieg bei 5 kHz sorgt. Die Referenzquelle in dieser Messung ist ein kompakter Quarz-Oszillator mit geringer Leistungsaufnahme, welcher allerdings ein etwas schlechteres Phasenrauschen als ein Ofen-stabilisierter Quarz mit einer hohen Leistungsaufnahme hat. Mit der höherwertigen Referenz ist auch bei niedrigeren Ablagefrequenzen eine Phasenrauschen von -80 dBc/Hz erreichbar [201]. Mit der Messung und Simulation kann jedoch gezeigt werden, dass sehr rauscharme Quellen in kompakter Form bei 20 GHz in LTCC realisiert werden können.

5.2 Systeme

Durch geeignete Kombination verschiedener Komponenten sollen in diesem Abschnitt Module näher untersucht werden, die einen ausgesprochenen Systemcharakter besitzen. Dazu eignen sich idealerweise der Schottky-Diodenmischer aus Kapitel 4.1 und die stabile Signalquelle aus dem vorherigen Abschnitt. Diese Kombination ist prinzipiell in jedem modernen Kommunikationssystem vorzufinden und dient zur Frequenzumsetzung von Zwischenfrequenzsignalen ins Sendeband oder Empfangssignalen auf die Zwischenfrequenz.

5.2.1 Zwei-Seitenband-Konverter

Die erste Stufe der Modul-Evolution ist in schematischer Darstellung in Abbildung 5.4 zu finden. Abbildung 5.4(a) zeigt noch einmal den Synthesizer, welcher in Abbildung 5.4(b) zu einem Zwei-Seitenband-Konverter erweitert worden ist. Hierzu wird der Kern der Mischerschaltung, welcher kompatibel zum Lagenaufbau des Synthesizers ist, direkt mit in die Kavität integriert. Die galvanische Entkopplung befindet sich hier hinter dem HF-LGA des Mischereingangs, sodass der hybride Ring auf Kollektorpotential liegt. Das Tiefpassfilter führt von den Dioden direkt zum ZF-LGA, das bei Bedarf über eine externe SMD-Kapazität galvanisch entkoppelt werden kann. In dieser Anordnung wird der Mischer mit einer Leistung von $P_{\text{LO}} = 6$ bis 9 dBm ausgesteuert.

Das auf einem Testsubstrat bestückte Modul in Abbildung 5.5(a) sieht dem Synthesizermodul ähnlich. Lediglich die Abmessungen sind geringfügig größer, um den Mischer zu integrieren. Abbildung 5.5(b) zeigt das am ZF-Ausgang gemessene Spektrum für $f_{\text{LO}} = 20,1$ GHz, $f_{\text{HF}} = 21,4$ GHz mit einer Eingangsleistung von -20 dBm. Das Signal bei der Zwischenfrequenz mit 1,3 GHz ist deutlich sichtbar und weist einen Konversionsverlust von etwa 10 dB auf. Unterhalb der ZF sind jedoch noch weitere Signale mit einem Pegel von etwa -80 dBm zu erkennen, die den Oberwellen des rechteckförmigen

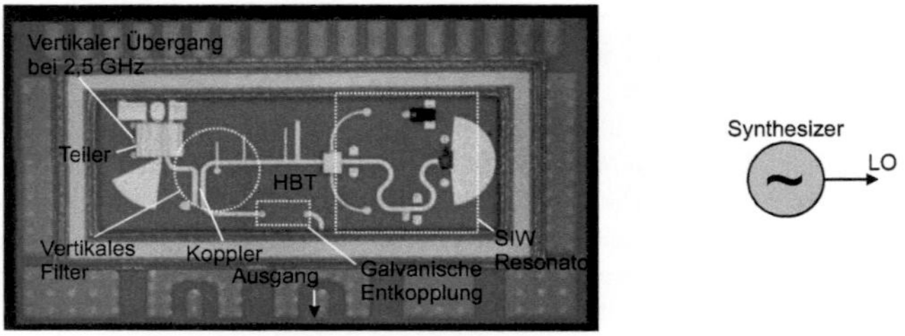

(a) Synthesizer

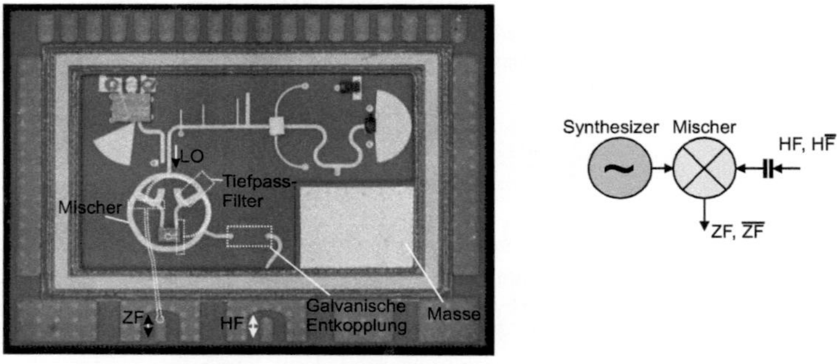

(b) Zwei-Seitenband-Konverter

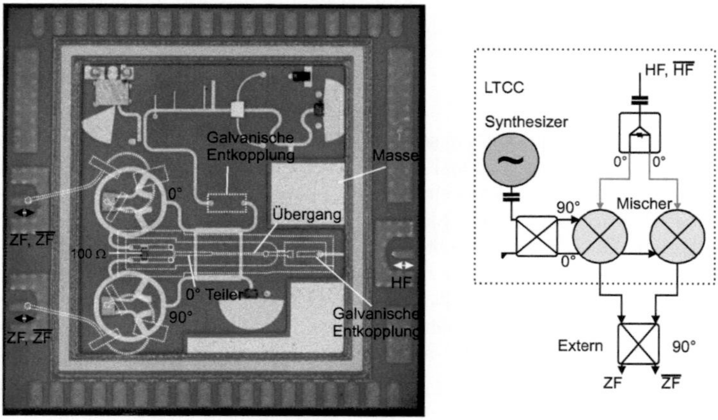

(c) Ein-Seitenband-Konverter

Abbildung 5.4 – Evolution vom Subsystem zu komplexen Systemen.

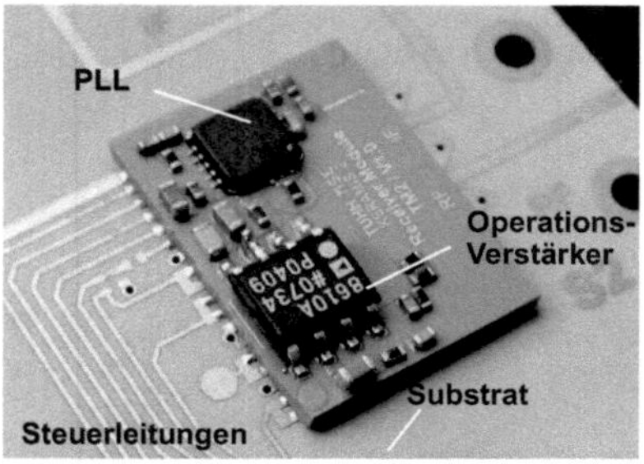

(a) Modul auf Testsubstrat

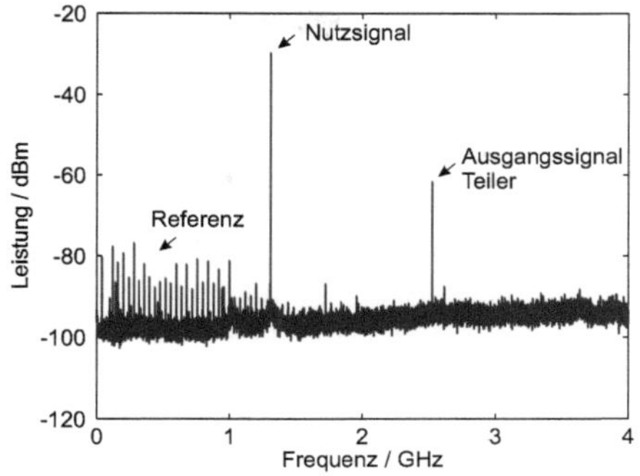

(b) ZF Spektrum bei $P_{\mathrm{HF}} = -20\,\mathrm{dBm}$

Abbildung 5.5 – Integriertes Zwei-Seitenband-Konvertersystem.

Referenzsignals entsprechen. Bei $f{=}f_{\mathrm{LO}}/8 = 2{,}5125\,\mathrm{GHz}$ ist das Ausgangssignal des statischen Teilers zu erkennen, welches mit einer Leistung von -60 dBm in den ZF-Ausgang überkoppelt. Das Übersprechen rührt von einer nahen Platzierung der PLL an das ZF-LGA. Durch geeignete räumliche Trennung und Schirmung könnte die Unterdrückung jedoch noch weiter erhöht werden.

Werden die Lokaloszillatorfrequenz bei 20 GHz konstant gehalten und das obere und untere Seitenband mit dem HF-Signal abgetastet, so ergibt sich das in Abbildung 5.6 dargestellte repräsentative Verhalten. Messung und Simulation zeigen eine Übereinstimmung,

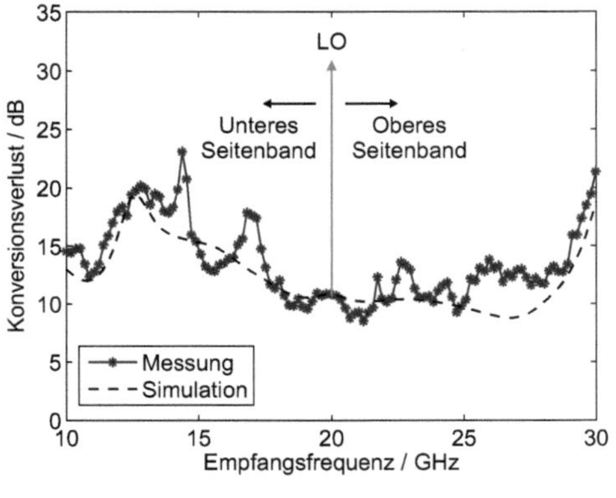

Abbildung 5.6 – Simulierter und gemessener Konversionsverlust des Konverter-Systems.

jedoch sind in der Messkurve Resonanzen zu erkennen. Lediglich im Intervall von etwa 4 GHz um die LO-Frequenz wird der simulierte Konversionsverlust leicht unterschritten. Da die einzelnen Mischer-Module keine Resonanzen aufweisen, ist das Verhalten auf die Schaltungsumgebung zurückzuführen. Eine mögliche Erklärung ist die Fehlanpassung des

Oszillators. In der Simulation wird an dieser Stelle eine Quelle angenommen, die bei allen Frequenzen ideal angepasst ist. Dennoch kann die prinzipielle Funktionsweise aufgezeigt werden.

5.2.2 Ein-Seitenband-Konverter

Die einfache Verschaltung von Mischer und Oszillator hat den Nachteil, dass die Abbildung des Empfangssignals aufgrund des multiplikativen Prozesses nicht eindeutig ist. Es werden das Nutzsignal und das dazugehörige Signal bei der Spiegelfrequenz auf die gleiche Zwischenfrequenz umgesetzt. Wenn kein Signal bei der Spiegelfrequenz vorhanden ist, erhöht sich lediglich die Rauschzahl des Mischers. Ist jedoch ein Signal vorhanden, kommt es zu Interferenzen. Um dieses Problem zu umgehen, wird ein balancierter Aufbau nach *Hartley* [203] umgesetzt. In Abbildung 5.4(c) ist dieses Konzept schematisch dargestellt. Es besteht aus zwei gleichen Mischern, einem 90°- und einem 0°-Signalteiler für Lokaloszillator- beziehungsweise HF-Zweig sowie einem 90°-Koppler für die Zwischenfrequenz. Mit dieser Anordnung, die bereits eingängig in Dünschichttechnologien Anwendung fand [204], ist es möglich, durch Beibehaltung der Phasen im Mischprozess sowie der Summen- und Differenzbildung die Seitenbänder am ZF-Koppler kohärent zu trennen. Sie wird als Ein-Seitenband-Empfänger (engl. *IRM-image rejection mixer*) bezeichnet. Wird der ZF-Hybrid durch eine zweite Mischer-Stufe mit Quadratur-Oszillator ersetzt, so wird von der *Weaver*-Architektur gesprochen [205]. Sie hat Vorteile bezüglich der Signalselektion, jedoch bringt sie auch einen höheren Schaltungsaufwand mit sich.

Bislang ist von einem IRM auf LTCC im *L*-band berichtet worden [41]. Um eine balancierte Anordnung in LTCC bei 20 GHz zu realisieren, werden hohe Anforderungen an die Symmetrie und damit auch an die Technologie gestellt. Unter Analyse des Fehlervektors bei der destruktiven Überlagerung wird die Spiegelfrequenz-Unterdrückung α_S in Dezibel gemäß

$$\alpha_S = -10\lg\left(\frac{1 + A^2 - 2\,A\cos(\Phi_F)}{1 + A^2 + 2\,A\cos(\Phi_F)}\right) \quad . \tag{5.1}$$

beschrieben [206]. A und Φ_F stehen in dieser Gleichung für den Amplituden- bzw. Phasenfehler im System. Die graphische Repräsentation dieser Gleichung in Abbildung 5.7 zeigt, dass die Amplituden-Imbalance weniger als 0,6 dB und die Phasen-Imbalance weniger als 3° betragen muss, damit eine Spiegelfrequenz-Unterdrückung von 30 dB erreicht wird.

Ein integriertes Einseitenband-Konvertersystem in LTCC bei 20 GHz ist in Abb. 5.4(c) gezeigt. Eine Herausforderung bei dieser Frequenz ist die Generation des Quadratur-Signals. Während bei niedrigen Frequenzen Polyphasenfilter [207] die Amplituden- und Phasenbalance über eine hohe Bandbreite sicherstellen, so ist dieses bei Mikrowellen-Frequenzen nicht zu realisieren. Stattdessen werden verteilte Strukturen wie etwa der *Lange*-Koppler [208] oder ein 3 dB-Hybridkoppler verwendet. Aufgrund der geringen Bandbreite des Synthesizers kann hier ein planarer 3 dB-Koppler eingesetzt werden, welcher beide Mischer mit etwa 2 bis 5 dBm und einem Phasenversatz von 90° aussteuert. Das

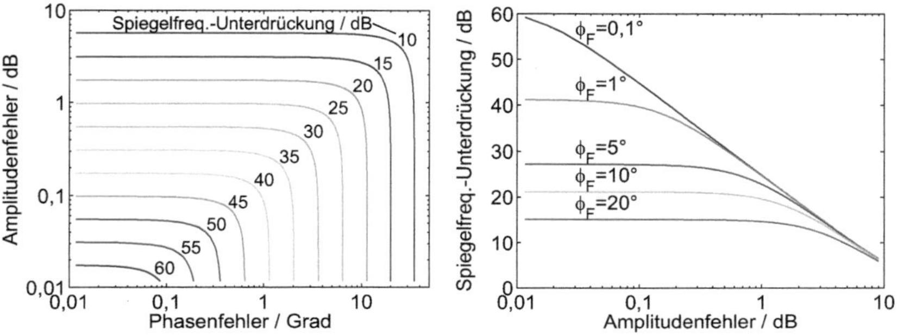

(a) Nach diskreten Werten für α_S (b) Nach diskreten Werten für den Phasenfehler Φ_F

Abbildung 5.7 – Spiegelfrequenz-Unterdrückung α_S in Abhängigkeit von den akkumulierten Amplituden- und Phasenfehlern im System.

isolierte Tor wird mit einem gedruckten Widerstand reflexionsarm abgeschlossen, sodass auch die LO-Tore über alle Frequenzen eine ausreichende Anpassung behalten.

Wie die schematische Darstellung in Abbildung 5.4(c) zeigt, ist die Anordnung nicht kreuzungsfrei. In dem entwickelten Modul führt der HF-Pfad nach galvanischer Entkopplung mittels eines vertikalen Überganges zwei Lagen in die Tiefe, um das Signal unter der Masse des 3 dB-Kopplers hindurch zu transportieren. Es folgen ein $\lambda/4$-Transformator und eine Signalverzweigung, die angelehnt an einen Wilkinson-Teiler mit einem gedruckten Querwiderstand von 100 Ω ausgestattet ist. Beide Zweige werden dann mit den HF-Eingängen der Mischer verbunden. Die ZF-Ausgänge werden in diesem Entwurf direkt nach dem Tiefpassfilter auf zwei LGA geführt, der ZF-Quadratur-Koppler ist folglich nicht im Modul integriert. In [209] wurde zwar von dieser Lösung für eine integrierte Halbleiterschaltung berichtet, jedoch begrenzt diese Maßnahme die Flexibilität in Bezug auf die nutzbare HF-Bandbreite. Am Modulausgang könnte eine zweite Mischerstufe (*Weaver*-Architektur) oder aber ein Quadratur-Hybrid im Trägersubstrat folgen, siehe Abbildung 5.8.

Diese passive Struktur erlaubt eine relative Bandbreite von etwa 50% und besitzt eine Mittenfrequenz von 2 GHz. Die Beschreibung der Synthese für Koppler dieser Art ist in [210] gegeben. Den beiden Ausgängen können dann das obere Seitenband beziehungsweise das untere Seitenband entnommen werden.

In der Messung und Simulation (Abbildung 5.9) kann diese Art der Selektion nachgewiesen werden. Der Konversionsverlust für das untere Seitenband liegt bei wenigstens 30 dB für die eingestellten LO-Frequenzen und deckt sich mit dem Simulationsergebnis. Das obere Seitenband hingegen erfährt einen Konversionsverlust von etwa 10 bis 12 dB. Über die Differenzbildung wird die Spiegelfrequenz-Unterdrückung wie in Abbildung 5.9(b) erhalten. Sie liegt für die ZF-Bandbreite von 1,5 bis 2,5 GHz bei 20 dB und darüber. Die beste Auslöschung erfolgt bei einer LO-Frequenz von 19,9 GHz, der Mittenfrequenz des

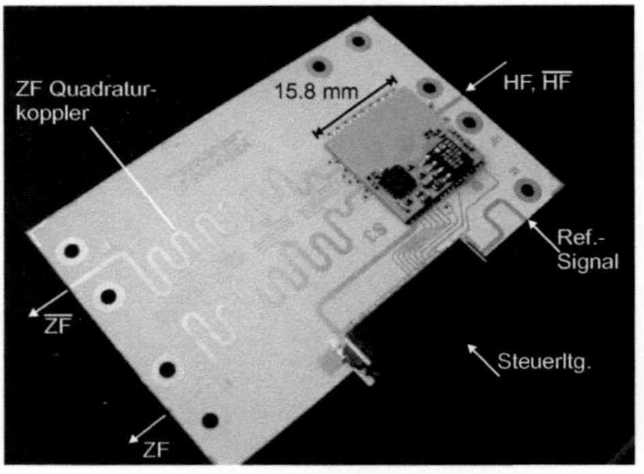

Abbildung 5.8 – Bestücktes Ein-Seitenband-Konvertersystem auf Testsubstrat mit externem Quadraturkoppler.

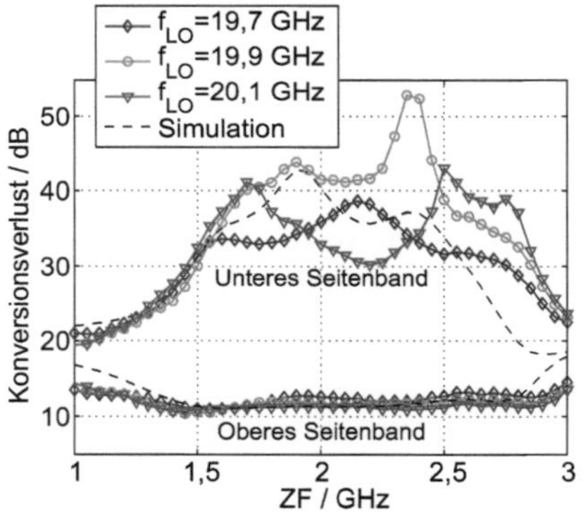

(a) Konversionsverlust

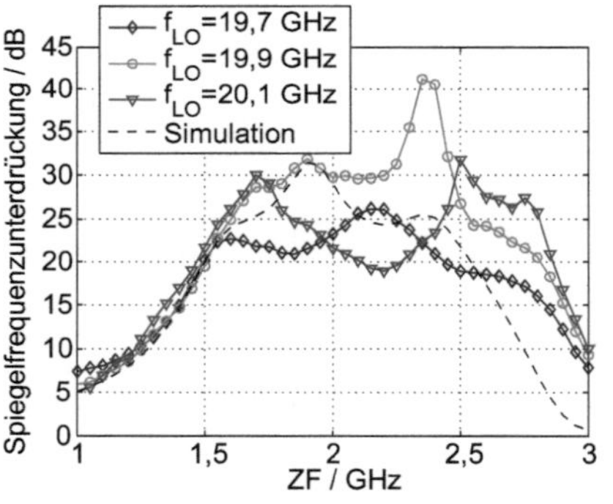

(b) Spiegelfrequenzunterdrückung

Abbildung 5.9 – Messung (Symbol) und Simulation (- -) eines Ein-Seitenband-Konverters.

3 dB-Kopplers im Modul.

Um die Probleme des Übersprechens beim Zwei-Seitenband-Konverter zu beheben, welche in vergleichbarer Weise auch beim Ein-Seitenband-Konverter auftreten, wird eine alternative Version B entworfen, siehe hierzu Abbildung 5.10. Die Mischerausgänge und die digitale Elektronik auf der 2,5 GHz-Ebene werden dazu auf zwei entgegengesetzten Seiten des Moduls angeordnet. Zusätzlich werden die Tiefpassfilter geschirmt. Das gemessene ZF-Spektrum für diese Anordnung ist in Abbildung 5.11 gezeigt. Die Überkopplung des Teilers konnte mit dieser Maßnahme um weitere 20 dB reduziert werden. Auch sind die Oberwellen des Referenz-Signals deutlich weniger ausgeprägt als beim einfachen Konverter.

Das System des Ein-Seitenband-Konverters belegt, dass die hohen Anforderungen an die Symmetrie aller Schaltungskomponenten, die nicht unerheblich durch die LTCC-

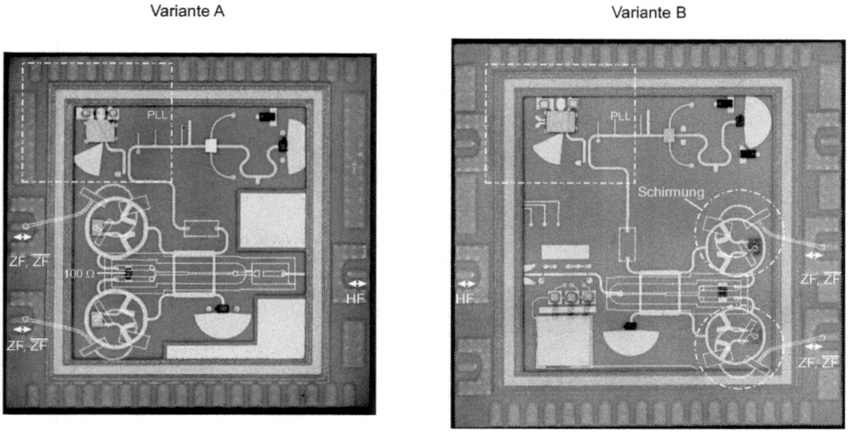

Abbildung 5.10 – Reduzierung des Übersprechens zwischen Baugruppen innerhalb eines Moduls. Version A: Ohne Schirmung. Version B: Räumliche Trennung vom kritischen Analog- und Digitalteil sowie Schirmung der Filter.

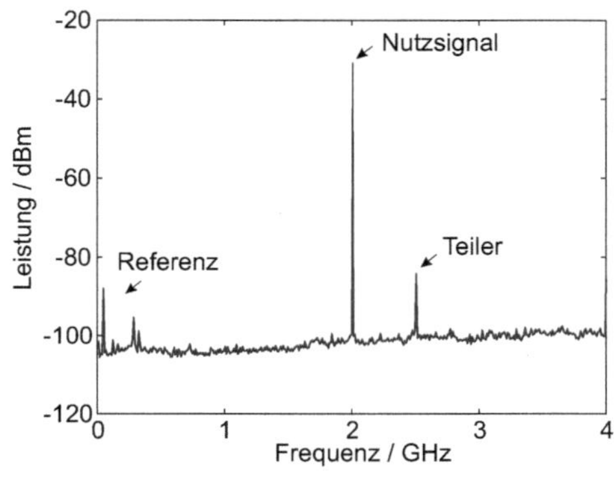

Abbildung 5.11 – ZF-Spektrum eines Ein-Seitenband-Konverter-Systems mit geschirmtem Tiefpass-Filter der Mischer bei $P_{HF} = -20\,\mathrm{dBm}$.

Herstellung beeinflusst werden, erfüllt werden. Durch den hochintegrierten Aufbau kann demonstriert werden, dass hybride LTCC-Systeme bei 20 GHz äußerst kompakt und effizient umgesetzt werden können. Die Toleranzanalyse hat gezeigt, dass die Prozesstechnologie mit ihrer hohen Reproduzierbarkeit bis weit über 40 GHz zufriedenstellende Resultate liefert. Auf dieser Grundlage sollte der geschlossene Ansatz auch für Systeme mit noch höheren Frequenzen sicher anwendbar sein.

Zusammenfassung

Elektronische Schaltungen sind die Basis für die moderne Kommunikation, deren Betriebsfrequenz mit den wachsenden Anforderungen ständig steigt. Um auch in Zukunft eine Grundlage für hochwertige Baugruppen zu schaffen, bedarf es einer ständigen Weiterentwicklung der Technologie. Die keramische Mehrlagentechnologie LTCC hat in den letzten zwei Jahrzehnten zunehmend an Bedeutung gewonnen. Sie verspricht hohe Flexibilität bei niedrigen Initialkosten und konnte zur Miniaturisierung von Kommunikationssystemen bei Frequenzen von wenigen Gigahertz erfolgreich eingesetzt werden. Ein Schlüssel zur Reduzierung der Abmessungen und zur Steigerung der Leistungsfähigkeit ist die Integration passiver Strukturen in das keramische Trägermaterial. Um die bislang erfolgreich eingesetzte Technologie LTCC auch bei sehr viel höheren Frequenzen nutzbar zu machen, werden in dieser Arbeit drei Kernpunkte behandelt.

Effiziente und reproduzierbare Integration passiver Elemente

Für die Synthese vieler verschiedener Schaltungen sind gemeinsame passive Grundfunktionen notwendig. Sie werden im ersten Kapitel erarbeitet.

Zunächst wird auf die elektrischen Materialparameter und die Simulationswerkzeuge eingegangen, die für den Entwurf passiver Mehrlagen-Elemente eingesetzt werden. Anhand der Struktur eines Ringresonators wird die relative Permittivität des Systems *951* der Firma *DuPont* ermittelt. Es zeigt sich, dass der im Datenblatt spezifizierte Wert, welcher üblicherweise bei sehr niedrigen Frequenzen ermittelt wird, um etwa 3,5% von den im Mikrowellenbereich gemessenen Werten abweicht. Mit dem korrigierten Wert lassen sich passive Schaltungen mit Hilfe von diversen kommerziellen elektromagnetischen Feldsimulationsprogrammen berechnen und dimensionieren.

In der weiteren Diskussion wird exemplarisch die Realisierung dreier elementarer Schaltungsfunktionen aufgezeigt. Dabei wird verstärkt auf die Integration über mehrere Lagen sowie auf die Verwendung besonderer Materialen im LTCC-Herstellungsprozess gesetzt. Durch den Einsatz eines gedruckten Dielektrikums zwischen den Lagen wird ein Filter zur galvanischen Trennung realisiert. Das besondere technologische Verfahren eröffnet neue Wege und Möglichkeiten der Integration. Bei sehr kompakten Abmessungen werden Bandbreiten von etwa 200% erreicht. Anhand eines Tiefpassfilters zur Gleichspannungsversorgung wird gezeigt, dass durch den vertikalen Aufbau sehr kompakte Abmessungen erreicht werden. Durch die besondere Schirmung der Struktur werden parasitäre Verkopplung, wie sie in planaren Strukturen gegenwärtig sind, weitgehend unterbunden. Resistive Pasten bilden schließlich die Grundlage für Leitungsabschlüsse mit geringen Reflexionen. Anhand einer Parameterstudie werden die optimalen geometrischen Abmessungen ermittelt und hieraus zwei verschiedene Varianten abgeleitet.

Kapitel 2 widmet sich der Toleranzanalyse durch Messung und Simulation dreier repräsentativer Schaltungen. Für den Teil der numerischen Berechnungen wird auf die Monte-Carlo-Analyse mit Feldsimulationen zurückgegriffen. Hierzu werden die wichtigsten Toleranz-Mechanismen diskutiert und drei Parametersätze aufgestellt. Um die in der Messung gewonnenen Ergebnisse sicher beurteilen zu können, wird eine besondere Messmethode vorgestellt. Sie erfasst Schwankungen statistischer Natur, die ausschließlich durch das Messverfahren hinzugefügt werden, sich jedoch auch in den Messungen wiederfinden. Anhand von drei repräsentativen Schaltungen wird nachgewiesen, dass mit dem verwendeten Prozess selbst bis zu Frequenzen von 67 GHz noch planare und vertikale Geometrien sicher hergestellt werden können. In allen drei Fällen wird ebenfalls eine Korrelation zwischen Simulation und Messung festgestellt. Es zeigt sich, dass die Präzision des Druckes einen entscheidenden Einfluss auf die gesamte Streuung hat, unabhängig vom Typ und Aufbau der Schaltung. Die Reproduzierbarkeit ist nicht nur für Schaltungen innerhalb eines Nutzens hoch, sondern auch von Charge zu Charge.

Gehäusetechnologie für Frequenzen im Millimeterwellenbereich

Kapitel 3 befasst sich mit der Gehäusetechnologie und den Schnittstellen zwischen Keramik und Trägermaterial.

Aus der Analyse bekannter Gehäuseformen wird ein neuartiges Konzept erarbeitet, welches die Vorzüge bestehender Lösungen in sich vereint. Durch Verwendung der Flip-Chip-Technologie zur Halbleiterbestückung kann eine effiziente Kühlung über einen externen Deckel erfolgen. Gleichzeitig bietet der Aufbau Platz im Inneren für die Integration passiver Strukturen. Das Konzept wird exemplarisch anhand eines integrierten Verstärkers mittlerer Leistung verifiziert. Es wird gezeigt, dass eine Verlustleistung von mehr als 1 W problemlos abgeführt werden kann. Eine Variante des Modulkonzepts mit reduziertem Herstellungsaufwand kann für Schaltungen geringer Verlustleistungen bis etwa 400 mW eingesetzt werden.

Das Modul wird durch HF-Anschlüsse zum Trägersubstrat mit hoher Bandbreite ergänzt. Die zwei zu bevorzugenden Formen Land Grid Array (LGA) und Ball Grid Array (BGA) werden systematisch analysiert. Beide Typen zeigen in der Simulation eine Bandbreite von wenigstens 40 GHz bei akzeptabler Einfügedämpfung. Um Aussagen über die Zuverlässigkeit treffen zu können, wird eine thermomechanische Simulation herangezogen. Sie zeigt Stellen hoher Belastung im Bereich der BGA-Lötverbindungen auf, die in Laborversuchen zu Defekten geführt haben. Die Verteilung der Belastung am LGA ist deutlich günstiger. Das Kapitel schließt mit der messtechnischen Verifikation dieses Übergangs. Es wird trotz der Toleranzen durch den Lötprozess eine reproduzierbare Übertragungsfunktion nachgewiesen, die die hohe Bandbreite in der Simulation bestätigt.

Implementierung von Komponenten, Subsystemen und Systemen

Mit elementaren Strukturen und HF-tauglicher Aufbau- und Verbindungstechnik ist der Grundstein zur Integration von Komponenten gelegt, die Gegenstand der Betrachtungen in Kapitel 4 sind. Anhand der drei exemplarischen Bausteine eines Schottky-Dioden-Mischers, eines Verdreifachers sowie eines Oszillators wird nicht nur der Gedanke der Reproduzierbarkeit fortgesetzt. Es wird demonstriert, dass die Mehrlagentechnologie auch bei sehr viel höheren Frequenzen ein vergleichbares Potential zur Miniaturisierung hat, wie es bereits von Schaltungen bei wenigen GHz bekannt ist. Im Falle des spannungsgesteuerten Oszillators zeigt sich darüber hinaus, dass auch anspruchsvolle Schaltungsteile wie etwa ein dreidimensionaler Resonator erfolgreich integriert werden können. Durch eine geeignete Modifikation kann selbst der Einfluss der Umgebungstemperatur deutlich reduziert werden.

Im fünften und letzten Kapitel steht der System-Gedanke im Vordergrund. Zunächst wird der Oszillator durch eine Phasenregelschleife ergänzt und so zum Subsystem eines Synthesizers erweitert. Mit dem systematischen Integrationsansatz wird eine hochintegrierte Lösung erreicht. Durch Kombination der frequenzstabilen Signalquelle mit Diodenmischern wird die Funktionsweise von integrierten Frequenz-Konversionssystemen aufgezeigt. Die zuvor bereits nachgewiesene hohe Reproduzierbarkeit spiegelt sich nicht nur in der geringen Streuung des Phasenrauschens wider. Insbesondere durch die balancierte Anordnung eines Ein-Seitenband-Konverters mit Amplituden- und Phasenfehlern von weniger als 0,6 dB bzw. 3° wird gezeigt, dass die Realisierung qualitativ hochwertiger Schaltungen und Systeme auf der Grundlage der LTCC-Technologie bis über 20 GHz möglich ist.

Literaturverzeichnis

[1] SINSKY, J. H. ; WINZER, P. J.: 100G serial transport - system considerations and design challenges. In: *IEEE MTT-S International Microwave Symposium, Workshop: High-speed electronic technologies for 100-G communications.* Atlanta, GA, USA, 2008

[2] GOLONKA, L. J.: New application of LTCC technology. In: *28th Int. Spring Seminar on Electronics Technology*, 2005, S. 148–152

[3] VITRIOL, W. A. ; STEINBERG, J. I.: Development of a low temperature, cofired multilayer ceramic technology. In: *International Journal of Microelectronics* (1983), S. 593–598

[4] EUSTICE, A. L. ; HOROWITZ, S. J. ; STEWART, J. J. ; TRAVIS, A. R. ; SAWHILL, H. T.: Low temperature co-fireable ceramics: A new approach for electronic packaging. In: *Electron. Comp. Conf.*, 1986, S. 37–47

[5] THUST, H. ; ERHARDT, W. ; DRÜE, K.-H. ; MÜNNICH, R. ; MÜLLER, J.: Embedded components and functions in LTCC - review and prospect. In: *International Microelectronics and Packaging Symposium, Keynote Presentation KN2.* Boston, MA, USA, 2003

[6] DUPONT MICROCIRCUIT MATERIALS: *951 Green Tape, thick film composition.* online: http://www2.dupont.com/MCM/en_US/PDF/datasheets/951.pdf, 2001

[7] DUPONT MICROCIRCUIT MATERIALS: *943 low loss Green Tape, thick film composition.* online:http://www2.dupont.com/MCM/en_US/PDF/datasheets/943.pdf, 2003

[8] HERAEUS INCORPORATED: *Heratape CT2000.* online:http://www.heraeus-thickfilm.com/media/webmedia_local/media/datasheets/ltccmaterials/CT_2000_en.pdf, 2007

[9] NATARAJAN, R. ; DOUGHERTY, J. P.: Material compatibility and dielectric properties of co-fired high and low dielectric constant ceramic packages. In: *Electronic Conference and Technology Conference*, 1997, S. 750–754

[10] DONAHUE, P.C. ; TAYLOR, B.E. ; AMEY, D.I. ; DRAUDT, R.R. ; SMITH, M.A. ; HOROWITZ, S.J. ; LARRY, J.R.: A new low loss lead free LTCC system for wireless and RF applications. In: *International Conference on Multichip Modules and High Density Packaging, Proceedings*, 1998, S. 196–199

[11] SCHROEDER, D.R. ; REXING, L.J.: LTCC MCM technology for military environments. In: *International Conference on Multichip Module, Proceedings*, 1994, S. 612–617

[12] SAKAMOTO, D. K.: T/R modules for automated assembly and test using flip chip and LTCC Packaging. In: *40th ARFTG Conference Digest-Fall* Bd. 22, 1992, S. 57–58

[13] GIPPRICH, J. W. ; DICKENS, L. E. ; FAULKNER, J. A.: A power amplifier yields 10 Watts over 8-14 GHz using GaAs MMICs in an LTCC serial combiner/divider network. In: *IEEE MTT-S International Microwave Symposium Digest* Bd. 3, 1993, S. 1369–1372

[14] LESTER, J.A. ; AHMADI, M. ; PERATONER, S. ; HATHAWAY, J. ; GARSKE, D. ; CHOW, P.D.: Low cost miniaturized EHF SATCOM transceiver featuring HEMT MMICs and LTCC multilayer packaging. In: *IEEE Microwave and Millimeter-Wave Monolithic Circuits Symposium, Digest of Papers*, 1995, S. 35–38

[15] STURZEBECHER, D. ; LEEN, J. ; CADOTTE, R. ; DEMARCO, J. ; NI, T.-D. ; HIGGINS, T. ; POPICK, M. ; CUMMINGS, M. ; VAN MEERBEKE, B. ; PROVENCHER, T. ; KIMBLE, B. ; SHALKHAUSER, K. ; SIMONS, R.: 20 GHz LTCC phased array module. In: *IEEE MTT-S International Microwave Symposium Digest* Bd. 2, 1996, S. 991–994 vol.2

[16] GIPPRICH, J. W. ; DICKENS, L. E. ; HAYES, R. E. ; RESTIVO, M. A.: A compact LTCC multilayer multiport stripline coupler network for wideband low loss power combining/splitting. In: *IEEE 3rd Topical Meeting on Electrical Performance of Electronic packaging*, 1994, S. 167–169

[17] GIPPRICH, J. ; DICKENS, L. ; HAYES, B. ; SACKS, F.: A compact 8-14 GHz LTCC stripline coupler network for high efficiency power combining with better than 82% combining efficiency. In: *IEEE MTT-S International Microwave Symposium Digest* Bd. 3, 1995, S. 1583–1586

[18] BAILEY, A. ; FOLEY, W. ; HAGEMAN, M. ; MURRAY, C. ; PILOTO, A. ; SPARKS, K. ; ZAKI, K.: Miniature LTCC filters for digital receivers. In: *IEEE MTT-S International Microwave Symposium Digest* Bd. 2, 1997, S. 999–1002

[19] WATANABE, T. ; FURUTANI, K. ; NAKAJIMA, N. ; MANDAI, H.: Antenna switch duplexer for dualband phone (GSM/DCS) using LTCC multilayer technology. In: *IEEE MTT-S International Microwave Symposium Digest* Bd. 1, 1999, S. 215–218

[20] HEO, D. ; SUTONO, A. ; CHEN, E. ; SUH, Y. ; LASKAR, J.: A 1.9-GHz DECT CMOS power amplifier with fully integrated multilayer LTCC passives. In: *IEEE Microwave and Wireless Components Letters* 11 (2001), Juni, Nr. 6, S. 249–251

[21] SUTONO, A. ; HEO, D. ; CHEN, Y.-J. E. ; LASKAR, J.: High-Q LTCC-based passive library for wireless system-on-package (SOP) module development. In: *IEEE Transactions on Microwave Theory and Techniques* 49 (2001), Oktober, Nr. 10, S. 1715–1724

[22] LUCERO, R. ; PAVIOA, A. ; PENUNURI, D. ; BOST, J.: Design of an LTCC integrated tri-band direct conversion receiver front-end module. In: *IEEE MTT-S International Microwave Symposium Digest*. Seattle, WA, USA, 2002, S. 1545–1548

[23] KIM, D. ; CHO, H. M. ; KANG, N. K. ; PARK, J. C. ; KIM, J. C.: LTCC front-end modules for multi-band applications. In: *European Microwave Conference, Proceedings*. Manchester, GB, 2006, S. 541–544

[24] LAI, C.-C. ; HSU, Y.-C. ; CHEN, C.-C.: Triple-mode five-band power amplifier LTCC module for WLAN/GPRS/WCDMA applications. In: *European Microwave Conference, Proceedings*. Manchester, GB, September 2006, S. 1486–1489

[25] LIM, K. ; OBATOYINBO, A. ; SUTONO, A. ; CHAKRABORTY, S. ; LEE, C.-H. ; GEBARA, E. ; RAGHAVAN, A. ; LASKAR, J.: A highly integrated transceiver module for 5.8 GHz OFDM communication system using multi-layer packaging technology. In: *IEEE MTT-S International Microwave Symposium Digest* Bd. 3. Phoenix, AZ, USA, Mai 2001, S. 1739–1742

[26] LEE, C.-H. ; CHAKRABORTY, S. ; SUTONO, A. ; YOO, S. ; HEO, D. ; LASKAR, J.: Broadband highly integrated LTCC front-end module for IEEE 802.11a WLAN applications. In: *IEEE MTT-S International Microwave Symposium Digest*. Seattle, WA, USA, 2002, S. 1045–1048

[27] PINEL, S. ; LIM, K. ; MAENG, M. ; DAVIS, M. F. ; LI, R. ; TENTZERIS, M. ; LASKAR., J.: RF system-on-package (SOP) development for compact low cost wireless front-end systems. In: *European Microwave Conference, Proceedings*. Mailand, Italien, Oktober 2002, S. 1–4

[28] LECHEMINOUX, L. ; GOSSELIN, N.: Advanced design, technology & manufacturing for high volume and low cost production. In: *International Electronics Manufacturing Technology Symposium, Proceedings*, 2003, S. 255 – 260

[29] LIN, Y.-S. ; LIU, C.-C. ; LI, K.-M. ; CHEN, C. H.: Design of an LTCC tri-band transceiver module for GPRS mobile applications. In: *IEEE Transactions on Microwave Theory and Techniques* 52 (2004), Nr. 12, S. 2718–2724

[30] BYUN, W. ; KIM, B.-S. ; KIM, K.-S. ; EUN, K.-Ch. ; SONG, M. S. ; KULKE, R. ; KERSTEN, O. ; MÖLLENBECK, G. ; RITTWEGER, M.: Design of vertical transition for 40GHz transceiver module using LTCC technology. In: *European Microwave Conference, Proceedings*. München, Deutschland, 2007, S. 1353–1357

[31] FERRER, I. ; SVEDIN, J.: A 60 GHz image rejection filter manufactured using a high resolution LTCC screen printing process. In: *European Microwave Conference, Proceedings*. München, Deutschland, 2003, S. 423–426

[32] LEE, J.-H. ; KIDERA, N. ; PINEL, S. ; LASKAR, J. ; TENTZERIS, M.: A compact quasi-elliptic dual-mode cavity filter using LTCC technology for V-band WLAN gigabit wireless systems. In: *European Microwave Conference, Proceedings*. Manchester, GB, 2006, S. 1377–1380

[33] SEKI, T. ; NISHIKAWA, K. ; SUZUKI, Y. ; TOYODA, I. ; TSUNEKAWA, K.: 60GHz monolithic LTCC module for wireless communication systems. In: *European Conference on Wireless Technology, Proceedings*. Manchester, GB, September 2006, S. 376–379

[34] VIMPARI, A. ; LAMMINEN, A. ; SÄILY, J.: Design and measurements of 60 GHz probe-fed patch antennas on low-temperature co-fired ceramic substrates. In: *European Microwave Conference, Proceedings*. Manchester, GB, 2006, S. 854–857

[35] IPPOLITO, Louis J.: *Radiowave propagation in satellite communications*. New York, USA : Van Nostrand Reinhold Company Inc., 1986

[36] NISZNANSKY, M. ; ZIEGLER, Ch. ; MARTIUS, S. ; SCHMIDT, L.-P. ; MÜLLER, J.: Simulation and Measurement of Interconnect Structures for High Speed Digital Systems. In: *IEEE Workshop on Proceedings Signal Propagation on Interconnects*, 2002, S. 161–163

[37] NISHIDA, M. ; MURAI, S. ; BANBA, S. ; YAMAGUCHI, T. ; SAWAI, T. ; SAWADA, M.: A novel design concept for a super compact power amplifier module (SCPAM) using a multilayer substrate. In: *IEEE MTT-S International Microwave Symposium Digest* Bd. 3, 1999, S. 1103–1106

[38] SHIRASAKI, T. ; TAGAMI, K. ; KUBO, T. ; MAKIHARA, C.: Functional multilayer ceramic substrates for RF modules. In: *European Microwave Conference, Proceedings*. München, Deutschland, 1999, S. 1–4

[39] ESTES, J. ; PIEL, P. ; SHAPIRO, G. ; PAVIO, A. ; HURST, M. ; CALL, J. ; FUNK, G.: An internally matched LTCC 3G W-CDMA 180 Watt LDMOS power amplifier. In: *IEEE MTT-S International Microwave Symposium Digest* Bd. 2. Phoenix, AZ, USA, Mai 2001, S. 1357–1358

[40] KIM, E. ; LEE, Y.-S. ; YOO, C.-S. ; LEE, W.-S. ; PARK, J.-C.: A power amplifier module with fully embedded passive components in a LTCC substrate for K-PCS band mobile phone. In: *European Microwave Conference, Proceedings*. München, Deutschland, 2003, S. 253 – 256

[41] PASSIOPOULOS, G. ; LAMACRAFT, K.: A compact L-band LTCC mixer with high image rejection. In: *IEEE MTT-S International Microwave Symposium Digest*. Seattle, WA, USA, 2002, S. 249 – 252

[42] AL-TAEI, S. ; PASSIOPOULOS, G.: High performance LTCC technology single-FET passive mixers. In: *European Microwave Conference, Proceedings*. München, Deutschland, 2003, S. 1425–1428

[43] O'HEARN, M. D.: A voltage controlled oscillator using low temperature co-fired ceramics. In: *IEEE International Frequency Control Symposium, Proceedings*, 1996, S. 744–748

[44] PROCHAZKA, T. ; FISCHER, M. ; GRUBER, B. ; MANNER, R. ; MATZ, R. ; WALTER, S.: High quality LTCC resonator for voltage-controlled oscillator. In: *IEEE Transactions on Components and Packaging Technologies* 26 (2003), September, Nr. 3, S. 591–597

[45] CHENG, S.-H. ; CHENG, K.-K. M. ; WU, K.-L.: Low phase-noise integrated voltage controlled oscillator design using LTCC technology. In: *IEEE Microwave and Wireless Components Letters* 13 (2003), August, Nr. 8, S. 329–331

[46] LE NADAN, T. ; PERSON, C. ; COUPEZ, J. P.: A complete integrated TX/RX front-end combining 3D topologies and global synthesis. In: *IEEE MTT-S International Microwave Symposium Digest* Bd. 2. Phoenix, AZ, USA, Mai 2001, S. 957–960

[47] DARWISH, A. ; EZZEDDINE, A. ; MAH, M. ; COOK, J.: Inexpensive X-band 1/2 Watt PA using 3D LTCC technology. In: *IEEE MTT-S International Microwave Symposium Digest*. Fort Worth, TX, USA, 2004, S. 1205–1208

[48] LOSKOT, E. ; KONDRATIEV, V. ; VENDIK, I. ; JAKKU, E. ; LEPPÄVUORI, S.: Design of resonators and filters based on LTCC lumped components. In: *European Microwave Conference, Proceedings*. Paris, Frankreich, Oktober 2000, S. 1–4

[49] KAGEYAMA, K. ; SAITO, K. ; MURASE, H. ; UTAKI, H. ; YAMAMOTO, T.: Tunable active filters having multilayer structure using LTCC. In: *IEEE Transactions on Microwave Theory and Techniques* 49 (2001), Dezember, Nr. 12, S. 2421–2424

[50] SIMINE, A. ; PIATNITSA, V. ; LAPSHIN, A. ; JAKKU, E. ; KHOLODNYAK, D.: Design of quasi-lumped-element LTCC filters and duplexers for wireless communications. In: *European Microwave Conference, Proceedings*. München, Deutschland, 2003, S. 911–914

[51] KAPITANOVA, P. ; SIMINE, A. ; KHOLODNYAK, D. ; VENDIK, I.: Application of sandwich multilayer technology to MICs design. In: *European Microwave Conference, Proceedings*. Paris, Frankreich, 2005, S. 389–392

[52] CHUANG, C.-C. ; WANG, C.-L.: Design of three-pole single-to-balanced bandpass filters. In: *European Microwave Conference, Proceedings*. Manchester, GB, 2006, S. 1193–1196

[53] PIATNITSA, V. ; KHOLODNYAK, D. ; TICK, T. ; SIMIN, A. ; TURALCHUK, P. ; ZAMESHAEVA, E. ; JANTTI, J. ; JANTUNEN, H. ; VENDIK, I.: Design and investigation of miniaturized high-performance LTCC filters for wireless communications. In: *European Microwave Conference, Proceedings*. München, Deutschland, 2007, S. 544–547

[54] LEI, M.-F. ; WANG, H.: Implementation of reduced-size dual-mode ring filters in LTCC and MMIC processes at millimeter wave frequencies. In: *European Microwave Conference, Proceedings*. Manchester, GB, 2006, S. 537–540

[55] KONDRATYEV, V. ; LAHTI, M. ; KAUTIO, K.: Comparative assessment of LTCC band-pass filters for millimeter wave applications. In: *European Microwave Conference, Proceedings*. Manchester, GB, 2006, S. 549–552

[56] SIMON, W. ; KULKE, R. ; LAURER, A. ; RITTWEGER, M. ; WALDOW, P. ; WOLFF, I.: Efficient band pass filter design for a 25 GHz LTCC multichip module using hybrid optimization. In: *International Microelectronics and Packaging Symposium, proceedings*. Baltimore, MD, USA, 2001, S. 316–320

[57] CHOI, B. G. ; STUBBS, M. G. ; PARK, C. S.: A Ka-band narrow bandpass filter using LTCC technology. In: *IEEE Microwave and Wireless Components Letters* 13 (2003), September, Nr. 9, S. 388–389

[58] Cho, Y. H. ; Jung, D. Y. ; Lee, Y. C. ; Lee, J.W. ; Song, M. S. ; Nam, E.-S. ; Kang, S. ; Park, C. S.: A fully embedded LTCC multilayer BPF for 3-D integration of 40-GHz radio. In: *IEEE Transactions on Advanced Packaging* 30 (2007), August, S. 521 – 525

[59] Sarkar, S. ; Pinel, S. ; Kidera, N. ; Laskar, J.: Analysis and application of 3-D LTCC directional filter design for multiband millimeter-wave integrated module. In: *IEEE Transactions on Advanced Packaging* 30 (2007), Februar, Nr. 1, S. 124 – 131

[60] Lee, J.-H. ; Pinel, S. ; Papapolymeru, J. ; Laskar, J. ; Tentzeris, M.: Low-loss LTCC cavity filters using system-on-package technology at 60 GHz. In: *IEEE Transactions on Microwave Theory and Techniques* 53 (2005), Nr. 12, S. 3817–3824

[61] Lee, J.-H. ; DeJean, G. ; Sarkar, S. ; Pinel, S. ; Lim, K. ; Papapolymerou, J. ; Laskar, J. ; Tentzeris, M.: Highly integrated millimeter-wave passive components using 3-D LTCC system-on-package (SOP) technology. In: *IEEE Transactions on Microwave Theory and Techniques* 53 (2005), Juni, Nr. 6, S. 2220–2229

[62] Valois, R. ; Baillargeat, D. ; Verdeyme, S.: Q band duplexer design based on LTCC technology. In: *European Microwave Conference, Proceedings*. Manchester, GB, 2006, S. 129–132

[63] Ahn, K. ; Yom, I.: A Ka-band multilayer LTCC 4-pole bandpass filter using dual-mode cavity. In: *IEEE MTT-S International Microwave Symposium Digest*. Atlanta, GA, USA, 2008, S. 1235–1238

[64] Estes, J. ; Kommrusch, R. ; Huang, R. F.: Integration of a receiver front-end in multilayer ceramic integrated circuit (MCIC) technology. In: *Wireless Communications Conference, Proceedings*, 1997, S. 165–169

[65] Yatsenko, A. ; Heyen, J. ; Sakhnenko, S. ; Vorotnikov, B. ; Heide, P.: Highly-integrated dual-band front-end module for WLAN and WiMAX applications based on LTCC technology. In: *IEEE MTT-S International Microwave Symposium Digest*. Atlanta, GA, USA, 2008, S. 13–16

[66] Lee, C.-H. ; Sutono, A. ; Han, S. ; Lim, K. ; Pinel, S. ; Tentzeris, M. ; Laskar, J.: A compact LTCC-based Ku-band transmitter module. In: *IEEE Transactions on Advanced Packaging* 25 (2002), August, Nr. 3, S. 374 – 384

[67] Heyen, J.: *Hochintegrierte Schaltungen für Millimeterwellen-Multichipmodule*. Braunschweig, Germany, Technische Universität Braunschweig, Inst. f. Hochfrequenztechnik, Dissertation, März 2004

[68] Lee, Y. C. ; Chang, W.-I. ; Park, C. S.: Monolithic LTCC SiP transmitter for 60GHz wireless communication. In: *IEEE MTT-S International Microwave Symposium Digest*. Long Beach, CA, USA, Juni 2005, S. 1015 – 1018

[69] Maruhashi, K. ; Ito, M. ; Kishimoto, S. ; Ohata, K.: 60-GHz-band LTCC module technology for wireless gigabit transceiver applications. In: *Intl. Workshop on Radio-Frequency Integration Technology: Integrated Circuits for Wideband Communications and Wireless Sensor Networks, Proceedings*, 2005, S. 131–134

[70] Lew, D.-W. ; Park, J.-S. ; Ahn, D. ; Kang, N.-K. ; Yoo, C. S. ; Lim, J.-B.: A design of the ceramic chip balun using the multilayer configuration. In: *IEEE Transactions on Microwave Theory and Techniques* 49 (2001), Januar, Nr. 1, S. 220–224

[71] Tang, C.-W. ; Sheen, J.-W. ; Chang, C.-Y.: Chip-type LTCC-MLC baluns using the stepped impedance method. In: *IEEE Transactions on Microwave Theory and Techniques* 49 (2001), Dezember, Nr. 12, S. 2342 – 2349

[72] Sheen, J.-W. ; Tang, C.-W.: LTCC-MLC malun for WLAN/Bluetooth. In: *IEEE MTT-S International Microwave Symposium Digest* Bd. 1. Phoenix, AZ, USA, 2001, S. 315 – 318

[73] Guo, Y. X. ; Zhang, Z. Y. ; Ong, L. C. ; Chia, M. Y. W.: A novel LTCC miniaturized dualband balun. In: *European Microwave Conference, Proceedings*. Paris, Frankreich, 2005, S. 529–532

[74] Al-Taei, S. ; Lane, P. ; Passiopoulos, G.: Design of high directivity directional couplers in multilayer ceramic technologies. In: *IEEE MTT-S International Microwave Symposium Digest* Bd. 1. Phoenix, AZ, USA, 2001, S. 51–54

[75] Loskot, E. ; Leppävuori, S. ; Kourbanov, A. ; Vendik, I. ; Lapshin, A. ; Jakku, E.: A miniaturized branch-line directional coupler on low temperature cofired ceramic board. In: *European Microwave Conference*. London, GB, Oktober 2001, S. 1–4

[76] Piatnitsa, V. ; Kholodnyak, D. ; Kapitanova, P. ; Fischuk, I. ; Tick, T. ; Jantti, J. ; Jantunen, H. ; Vendik, I.: Right/left-handed transmission line LTCC directional couplers. In: *European Microwave Conference, Proceedings*. München, Deutschland, 2007, S. 636–639

[77] Dakeya, Y. ; Suesada, T. ; Asakura, K. ; Nakajima, N. ; Mandai, H.: Chip multilayer antenna for 2.45GHz-band application using LTCC technology. In: *IEEE MTT-S International Microwave Symposium Digest* Bd. 3. Boston, MA, USA, 2000, S. 1693–1696

[78] Brzezina, G. M. ; Roy, L. ; MacEachern, L.: LTCC ultra-wideband antenna with transceiver. In: *European Radar Conference, Proceedings*. Paris, Frankreich, 2005, S. 287–290

[79] Chow, E. Y. ; Yang, C.-L. ; Chlebowski, A. ; Chappell, W. J. ; Irazoqui, P. P.: Miniature antenna for RF telemetry through ocular tissue. In: *IEEE MTT-S International Microwave Symposium Digest*. Atlanta, GA, USA, 2008, S. 1309–1312

[80] Schmückle, F.J. ; Jentzsch, A. ; Heinrich, W. ; Butz, J. ; Spinnler, M.: LTCC as MCM substrate: Design of strip-line structures and flip-chip interconnects. In: *IEEE MTT-S International Microwave Symposium Digest* Bd. 3. Phoenix, AZ, USA, Mai 2001, S. 1903–1906

[81] Wang, Z. ; Xia, L. ; Yaii, B. ; Xu, R. ; Guo, Y.: A novel waveguide to microstrip transition in millimeter-wave LTCC module. In: *Symposium on Microwave, An-*

tenna, Propagation and EMC Technologies for Wireless Communications, 2007, S. 340–343

[82] HEYEN, J. ; KERSSENBROCK, T. v. ; CHERNYAKOV, A. ; HEIDE, P. ; JACOB, A. F.: Novel LTCC-/BGA-modules for highly integrated millimeter-wave transceivers. In: *IEEE Transactions on Microwave Theory and Techniques* 51 (2003), Nr. 12, S. 2589 – 2596

[83] HEYEN, J. ; GORDIYENKO, A. ; HEIDE, P. ; JACOB, A. F.: Vertical feedthroughs for millimeter-wave LTCC modules. In: *European Microwave Conference, Proceedings.* München, Deutschland, 2003, S. 411–414

[84] YANG, T.-H. ; CHEN, C.-F. ; HUANG, T.-Y. ; WANG, C.-L. ; WU, R.-B.: A 60GHz LTCC transition between microstrip line and substrate integrated waveguide. In: *Asia-Pacific Conference Proceedings* Bd. 1, 2005, S. 3pp

[85] HESSELBARTH, J. ; NUECHTER, P. ; GOEBEL, U.: Surface-mount high-Q resonators for millimeter-wave LTCC oscillators. In: *European Microwave Conference, Proceedings* Bd. 3, 2003, S. 1283–1286

[86] LEE, Y. C. ; PARK, C. S.: A novel high-Q LTCC stripline resonator for millimeter-wave applications. In: *IEEE Microwave and Wireless Components Letters* 13 (2003), Dezember, Nr. 12, S. 499–501

[87] ZIROFF, A. ; NALEZINSKI, M. ; MENZEL, W.: A novel approach for LTCC packaging using a PBG structure for shielding and package mode suppression. In: *European Microwave Conference, Proceedings.* München, 2003, S. 419–422

[88] HEYEN, J. ; JACOB, A. F.: Multilayer capacitors with reduced parasitics. In: *European Microwave Conference, Proceedings.* Paris, Frankreich, 2005, S. 1343–1347

[89] KANGASVIERI, T. ; KOMULAINEN, M. ; JANTUNEN, H. ; VÄHÄKANGAS, J.: High performance vertical interconnections for millimeter-wave multichip modules. In: *European Microwave Conference, Proceedings.* Paris, Frankreich, 2005, S. 169–172

[90] FATHY, A. ; PENDRICK, V. ; AYERS, G. ; GELLER, B. ; NARAYAN, Y. ; THALER, B. ; CHEN, H. D. ; LIBERTONE, M. J. ; PROKOP, J. ; CHOI, K. L. ; SWAMINATHAN, M.: Design of embedded passive components in low temperature cofired ceramic on metal (LTCC-M)technology. In: *IEEE MTT-S International Microwave Symposium Digest*, 1998, S. 1281–1284

[91] GELLER, B. ; THALER, B. ; FATHY, A. ; LIBERATORE, M. J. ; CHEN, H. D. ; AYERS, G. ; PENDRICK, V. ; NARAYAN, Y.: LTCC-M: An enabling technology for high performance multilayer RF systems. In: *Symposium on Technologies for Wireless Applications, proceedings*, 1999, S. 189–192

[92] AGILENT TECHNOLOGIES: *Advanced Design System, Version 2006.* online:www.agilent.com, 2006

[93] ANSOFT CORP.: *HFSS, Version 10.* online:www.ansoft.com, 2006

[94] COMPUTER SIMULATION TECHNOLOGIES GMBH: *Microwave Studio, Version 2006.* online: www.cst.de, 2006

[95] GIPPRICH, J. W. ; LEAHY, K. A. ; MARTIN, A. J. ; RICH III., E. L. ; SPARKS, K. W.: Microwave dielectric constant of a low temperature cofired ceramic. In: *IEEE Transactions on Components, Hybrids, and Manufacturing Technology* 14 (1991), Dezember, Nr. 4, S. 732–737. `http://dx.doi.org/10.1109/33.105125`. – DOI 10.1109/33.105125. – ISSN 0148–6411

[96] AMEY, D. I. ; HOROWITZ, S. J.: Microwave characterization of packaging materials. In: *International Symposium on Advanced Packaging Materials, Proceedings*, 1997, S. 158–161

[97] AMEY, D.I. ; KEATING, M.Y. ; SMITH, M.A. ; HOROWITZ, S.J. ; DONAHUE, P.C. ; NEEDES, C.R.: Low loss tape materials systems for 10 to 40 GHz application. In: *International Symposium on Microelectronics, Proceedings*. Boston, MA, USA, September 2000, S. 654–658

[98] KULKE, R. ; SIMON, W. ; GÜNNER, C. ; MÖLLENBECK, G. ; KÖTHER, D. ; RITTWEGER, M.: RF-Benchmark up to 40 GHz for various LTCC low loss Tapes. In: *International microelectronics and packaging symposium - Nordic, Proceedings*. Stockholm, Schweden, 2002, S. 97–102

[99] AMEY, D.: Electrical properties of low loss green tape at 77+ GHz. In: *IEEE MTT-S International Microwave Symposium, Workshop on Advances in Ceramic Interconnect Technologies for Wireless, RF, and Microwave Applications*. Phoenix, AZ, USA, Mai 2001

[100] TROUGHTON, P.: Measurement technique in microstrip. In: *Electron. Lett.* 5 (1969), Mai, S. 25–26

[101] STURDIVANT, R.: Millimeter-wave characterization of several substrate materials for automotive applications. In: *Electrical Performance of Electronic Packaging*, 1995, S. 137–139

[102] CHAI, L. ; SHAIKH, A. ; STYGAR, V.: LTCC for wireless and photonic packaging applications. In: *International Symposium on Electronic Materials and Packaging, Proceedings*, 2002, S. 381–385

[103] IVANOV, S. A. ; PESHLOV, V. N.: Ring-resonator method - effective procedure for investigation of microstrip line. In: *IEEE Microwave and Wireless Components Letters* 13 (2003), Juni, Nr. 6, S. 244–246

[104] LEE, J.-H. ; KIM, D.-H. ; PARK, Y.-S. ; SOHN, M.-K. ; SEO, K.-S.: DC and RF characteristics of advanced MIM capacitors for MMIC's using ultra-thin remote-PECVD Si3N4 dielectric layers. In: *Microwave and Guided Wave Letters, IEEE* 9 (1999), September, Nr. 9, S. 345–347. `http://dx.doi.org/10.1109/75.790469`. – DOI 10.1109/75.790469. – ISSN 1051–8207

[105] CHEN, S.B. ; LAI, C.H. ; CHIN, A. ; HSIEH, J.C. ; LIU, J.: RF MIM capacitors using high-K Al2O3 and AlTiOx dielectrics. In: *IEEE MTT-S International Microwave Symposium Digest* Bd. 1. Seattle, WA, USA, 2002, S. 201–204

[106] LACOMBE, D. ; COHEN, J.: Octave-band microstrip DC blocks (Short Papers). In:

IEEE Transactions on Microwave Theory and Techniques 20 (1972), August, Nr. 8, S. 555–556. – ISSN 0018–9480

[107] Ho, C.Y.: Analysis of DC blocks using coupled lines (Letters). In: *IEEE Transactions on Microwave Theory and Techniques* 23 (1975), September, Nr. 9, S. 773–774. – ISSN 0018–9480

[108] Kajfez, D. ; Vidula, B.S.: Design equations for symmetric microstrip DC blocks. In: *IEEE Transactions on Microwave Theory and Techniques* 28 (1980), September, Nr. 9, S. 974–981. – ISSN 0018–9480

[109] Kajfez, D. ; Bokka, S. ; Smith, C.E.: Asymmetric microstrip DC blocks with rippled response. In: *IEEE MTT-S International Microwave Symposium Digest* Bd. 1, 1981, S. 301–303

[110] Borgaonkar, S.R. ; Rao, S.N.: Analysis and design of DC blocks. In: *Electronics Letters* 17 (1981), 22, Nr. 2, S. 101–103. http://dx.doi.org/10.1049/el:19810073. – DOI 10.1049/el:19810073. – ISSN 0013–5194

[111] Baras, T. ; Jacob, A. F.: Design and manufacturing reliability of passive components for LTCC millimeterwave hybrid circuits. In: *European Microwave Conference, Proceedings.* München, Deutschland, Oktober 2007, S. 660–663

[112] Tian, Z. ; Free, C. ; Barnwell, P. ; Wood, J. ; Aitchison, C.: Design of novel multilayer microwave coupled-line structures using thick- film technology. In: *European Microwave Conference, Proceedings.* London, GB, Oktober 2001, S. 1–4

[113] Delaney, K. ; Barrett, J. ; Barton, J. ; Doyle, R.: Characterisation of the electrical performance of buried capacitors and resistors in low temperature co-fired (LTCC) ceramic. In: *Electr. Comp. and Tech. Conf., Proceedings*, 1998, S. 900–908

[114] Modes, C. ; Malkmus, S. ; Gora, F.: High k low loss dielectrics co-fireable with LTCC. In: *Active and Passive Elec. Comp.* 25 (2002), S. 141–145

[115] Baba, Y. ; Ochi, H. ; Segawa, S.: High reliability internal capacitor of LTCC. In: *IEEE Transactions on Components, Packaging, and Manufacturing Technology, Part A* 18 (1995), März, Nr. 1, S. 170–173. http://dx.doi.org/10.1109/95.370751. – DOI 10.1109/95.370751. – ISSN 1070–9886

[116] DuPont Microcircuit Materials: *5674 buried capacitor dielectrics.* Datenblatt, 2001

[117] Electro-Science Laboratories, Inc.: *High K capacitor dielectrics 4160 series.* Datenblatt, September 2003

[118] Syrett, B. A.: A broad-band element for microstrip bias or tuning Circuits. In: *IEEE Transactions on Microwave Theory and Techniques* 28 (1980), Nr. 8, S. 925–927

[119] Baras, T. ; Jacob, A. F.: Compact vertical bias feed networks for LTCC millimeter wave circuits. In: *European Microwave Conference, Proceedings.* Manchester, GB, September 2006, S. 60–64

[120] HELSZAJN, J.: *Microwave planar passive circuits and filters.* John Wiley & Sons, 1994

[121] REBENKLAU, L. ; WOLTER, K.-J. ; HAGEN, G.: Realization of μ-vias in LTCC tape. In: *International Spring Seminar on Electronics Technology*, 2006, S. 55–63

[122] HAGEN, G. ; REBENKLAU, L.: Fabrication of smallest vias in LTCC tape. In: *1st Electronics Systemintegration Technology Conference* Bd. 1, 2006, S. 642–647

[123] VESUDEVAN, S. ; SHAIKH, A.: Shrinkage matched cofireable thick film resistors for LTCC. In: *Electronic Components and Technology Conference, Proceedings*, 1994, S. 612–616

[124] DZIEDZIC, A. ; GOLONKA, L. J. ; KOLEK, A. ; MACH, P. ; NITSCH, K.: DC and AC electrical properties and long-term stability of LTCC resistors. In: *International Spring Seminar on Electronics Technology: Concurrent Engineering in Electronic Packaging, Proceedings*, 2001, S. 137 – 141

[125] HROVAT, M. ; BELAVIC, D. ; HOLC, J. ; CILENSEK, J. ; GOLONKA, L. ; DZIEDZIC, A. ; KITA, J.: Thick-film resistors with high negative TCR on alumina and LTCC substrates. In: *International Spring Seminar on Electronics Technology: Meeting the Challenges of Electronics Technology Progress* Bd. 1, 2004, S. 79–84

[126] ALEXANDER, J. H. ; SHAIKH, A. S.: The use of silver and silver plus gold conductors with the Ferro low temperature tape. In: *Electronic Components and Technology Conference*, 1993, S. 888–892

[127] HAMMERSTAD, E. ; JENSEN, O.: Accurate models for microstrip computer-aided design. In: *MTT-S International Microwave Symposium Digest* 80 (1980), Mai, Nr. 1, S. 407–409

[128] METROPOLIS, N. ; ULAM, S.: The Monte Carlo method. In: *J. Amer. Stat. Assoc.* (1947), Nr. 44, S. 335–341

[129] GONZALEZ, T. ; PARDO, D. ; VARANI, L. ; REGGIANI, L.: Monte Carlo analysis of the behavior and spatial origin of electronic noise in GaAs MESFET's. In: *IEEE Transactions on Electron Devices* 42 (1995), Mai, Nr. 5, S. 991–998. `http://dx.doi.org/10.1109/16.381998`. – DOI 10.1109/16.381998. – ISSN 0018–9383

[130] MARTIN, M. ; GONZALES, T. ; PARDO, D. ; VELAZQUEZ, J.: Monte Carlo analysis of a Schottky diode with an automatic space-variable charge algorithm. In: *Semicond. Sci. Technol.* 11 (1996), S. 380–387

[131] RAYAS-SANCHEZ, J. E. ; GUTIERREZ-AYALA, V.: EM-based Monte Carlo analysis and yield prediction of microwave circuits using linear-input neural-output space mapping. In: *IEEE Transactions on Microwave Theory and Techniques* 54 (2006), Dezember, Nr. 12, S. 4528–4537. `http://dx.doi.org/10.1109/TMTT.2006.885902`. – DOI 10.1109/TMTT.2006.885902. – ISSN 0018–9480

[132] EUROPEAN MICROWAVE WEEK 2007: *Workshop WSF13: Determining accuracy of measurements at high frequencies - from error to uncertainty.* München, Deutschland, 2007

[133] EUROPEAN MICROWAVE WEEK 2008: *Workshop WMO-3: determining and dealing with errors in microwave measurements.* Amsterdam, Niederlande, 2008

[134] LEE, J.-R. ; CHO, J.-H. ; YUN, S.-W.: New compact bandpass filter using microstrip $\lambda/4$ resonators with open stub inverter. In: *IEEE Microwave and Guided Wave Letters* 10 (2000), Dezember, Nr. 12, S. 526 – 527

[135] ZHU, L. ; MENZEL, W.: Compact microstrip bandpass filter with two transmission zeros. In: *IEEE Microwave and Wireless Components Letters* 13 (2003), Januar, Nr. 1, S. 16–18

[136] BARAS, T.: Packaged X-band filter with optimized interconnects. In: *IEEE Microwave Magazine* (2009), Februar, Nr. 2, S. 146–150

[137] MÜLLER, J. ; THUST, H. ; DRÜE, K.-H. ; KUTSCHER, C. ; STEPHAN, R. ; TRABERT, J. ; HEIN, M. ; SCHWANKE, D. ; POHLNER, J. ; REPPE, G. ; KULKE, R. ; UHLIG, P. ; JACOB, A. F. ; BARAS, T. ; MOLKE, A.: Technology benchmarking of high resolution structures on LTCC for microwave circuits. In: *1st Electronics Systemintegration Technology Conference*, 2006, S. 111–117

[138] SCHWANKE, D.: *persönliche Mitteilung.* 2008

[139] BROKMEIER, A.: LTCC-technology for miniaturized Ka-band frontends. In: *European Microwave Conference, Proceedings.* München, Oktober 2003, S. 631–634

[140] ADOLPH, M. ; HACKENBERG, U. ; REBER, R. ; RIEGER, R. ; SCHWEIZER, B. ; ADELSECK, B. ; BRUGGER, H. ; LÖRCHER, M.: High-precision temperature drift compensated T/R-Module for satellite based SAR applications. In: *European Microwave Conference, Proceedings.* Paris, Frankreich, 2005, S. 813–817

[141] ZAMPINO, M.A. ; KANDUKURI, R. ; JONES, W.K.: High performance thermal vias in LTCC substrates. In: *Intersociety Conference on Thermal and Thermomechanical Phenomena in Electronic Systems* (2002), S. 179–185. `http://dx.doi.org/10.1109/ITHERM.2002.1012455`. – DOI 10.1109/ITHERM.2002.1012455. – ISSN 1089–9870

[142] ROSARIO, M. J. ; LE-STRAT, F. ; ALLEAUME, P.-F. ; VAZ, J. C. ; SCHROTH, J. ; MULLER, T. ; FREIRE, J. C.: Low cost LTCC filters for a 30GHz satellite system. In: *European Microwave Conference, Proceedings.* München, Deutschland, Oktober 2003, S. 817 – 820

[143] LEE, C.-H. ; SUTONO, A. ; HAN, S. ; LASKAR, J.: A compact LTCC Ku-band transmitter module with integrated filter for satellite communication applications. In: *IEEE MTT-S International Microwave Symposium Digest* Bd. 2. Phoenix, AZ, USA, 2001, S. 945–948

[144] JEONG, J.-C. ; YOM, I.-B. ; LEE, H.-J. ; YEOM, K.-W.: Filter embedded K-band LTCC upconverter. In: *European Microwave Conference, Proceedings.* München, Deutschland, 2007, S. 1314–1317

[145] Menzel, W. ; Kassner, J.: Millimeter-wave 3D integration techniques using LTCC and related multilayer circuits. In: *European Microwave Conference, Proceedings*. Paris, Frankreich, 2000, S. 1–4

[146] Chiriac, V. A. ; Lee, T.-Y. T.: Thermal assessment of RF-integrated LTCC front end modules. In: *IEEE Transactions on Advanced Packaging* 27 (2004), August, Nr. 3, S. 545–557

[147] Markov, K. ; Keiler, T. ; Chernyakov, A. ; Curtin, C. ; Heide, P.: Thermal characterisation of LTCC frontend modules with integrated power amplifiers for wireless LAN application. In: *European Microwave Conference, Proceedings*. Manchester, GB, 2006, S. 1774–1777

[148] Heyen, J. ; Jacob, A. F.: A novel package approach for multichip modules based on anisotropic conductive adhesives. In: *European Microwave Conference, Proceedings*. Paris, Frankreich, 2005, S. 1499–1502

[149] Kovacs, A.L. ; Elwell, D.F.: Integrated brazed LTCC packages. In: *International Conference on Multichip Modules, Proceedings*, 1994, S. 591–596

[150] Chiriac, V. A. ; Lee, T.-Y. T.: Thermal assessment of RF integrated LTCC front end module (FEM). In: *IEEE Inter Society Conference on Thermal Phenomena, Proceedings*, 2002, S. 520–527

[151] Baras, T. ; Jacob, A. F.: Hermetische Kapselung von mehrlagigen Modulen, PCT/DE 2004/002108. 2004. – Patentanmeldung

[152] Baras, T. ; Jacob, A. F.: Thermal packaging concept for LTCC microwave power applications. In: *German Microwave Conference, Proceedings*. Hamburg, Deutschland, März 2008, S. 446–449

[153] Krems, T. ; Haydl, W. ; Massler, H. ; Rudiger, J.: Millimeter-wave performance of chip interconnections using wire bonding and flip chip. In: *IEEE MTT-S International Microwave Symposium Digest* Bd. 1, 1996, S. 247–250

[154] Heinrich, W.: The flip-chip approach for millimeter-wave packaging. In: *IEEE Microwave Magazine* (2005), Nr. 9, S. 36–45

[155] Yim, M.-J. ; Hwang, J.-S. ; Kim, J.-G. ; Kim, H.-J. ; Kwon, W. ; Jang, K. W. ; Paik, K. W.: Anisotropic conductive adhesives with enhanced thermal conductivity for flip chip applications. In: *Electronic Components and Technology Conference, Proceedings* Bd. 1, 2004, S. 159–164

[156] Amkor Technology, Inc.: *Advanced package glossary*. www.amkor.com/products/AdvPackageGlossary/AdvancedPackgeGlossary.pdf : online, August 2007

[157] Analog Devices: *High resolution 6 GHz fractional-N frequency synthesizer*. http://www.analog.com/static/imported-files/data_sheets/ADF4157.pdf : online, Oktober 2007

[158] Han, D.-H. ; Prokofiev, V. ; Leigh, W. ; Polka, L. ; Ruttan, T.: High frequency modeling and characterization of pin and land grid array sockets. In: *Electronic Components and Technology Conference, Proceedings*, 2003, S. 1264–1269

[159] Bolger, J.C. ; Reynolds, M. ; Popielarczyk, J.: Area bonding conductive (ABC) adhesives for flex circuit connection to LTCC/MCM substrates. In: *Electronic Components and Technology Conference, Proceedings* (1995), Mai, S. 529–533. http://dx.doi.org/10.1109/ECTC.1995.515333. – DOI 10.1109/ECTC.1995.515333

[160] Prabhu, A. ; Schaefer, W. J. ; Patil, S.: High reliability LTCC BGA for telecom applications. In: *Intl. Electronics Manufacturing Technology Symposium, proceedings*, 2000, S. 311–323

[161] Ray, S.K. ; Quinones, H. ; Iruvanti, S. ; Atwood, E. ; Walls, L.: Ceramic column grid array (CCGA) module for a high performance work station application. In: *Electronic Components and Technology Conference, Proceedings*, 1997. – ISSN 0569–5503, S. 319–324

[162] Goodman, T. W. ; Fujita, H. ; Murakami, Y. ; Murphy, A. T.: A low temperature co-fired ceramic land grid array for high speed digital applications. In: *IEEE Transactions on Components, Packaging, and Manufacturing Technology, Part B: Advanced Packaging* 18 (1995), Februar, Nr. 1, S. 168–173. http://dx.doi.org/10.1109/96.365504. – DOI 10.1109/96.365504. – ISSN 1070–9894

[163] Baras, T. ; Jacob, A. F.: Advanced broadband 2nd-level-interconnects for LTCC mmulti-chip-modules. In: *German Microwave Conference, Proceedings*. Ulm, Deutschland, April 2005, S. 21–24

[164] Collin, R. E.: *Foundations for microwave engineering*. 2. Ausgabe. New York : Wiley & Sons, 1990

[165] Bruckstein, A. ; Kailath, T.: An inverse scattering framework for several problems in signal processing. In: *IEEE ASSP Magazine* 4 (1987), Januar, Nr. 1, S. 6–20

[166] Roberts, P. P. ; Town, G. E.: Design of microwave filters by inverse scattering. In: *IEEE Transactions on Microwave Theory and Techniques* 43 (1995), Nr. 4, S. 739 – 743

[167] Burkhart, S. C. ; Wilcox, R. B.: Arbitrary pulse shape synthesis via nonuniform transmission lines. In: *IEEE Transactions on Microwave Theory and Techniques* 38 (1990), Nr. 10, S. 1514–1518

[168] Schuster, C. ; Fichtner, W.: Signal integrity analysis of interconnects using FDTD method and a layer peeling technique. In: *IEEE Transactions on Electromagnetic Compatibility* 42 (2000), Nr. 2, S. 229–233

[169] Sturdivant, R. ; Quan, C. ; Wooldridge, J.: Transitions and interconnects using coplanar waveguide and other three conductor transmission lines. In: *IEEE MTT-S International Microwave Symposium Digest* Bd. 1, 1996, S. 235–238

[170] Baras, T. ; Corrales Hernandez, M. ; Jacob, A. F.: Electrical and thermomechanical evaluation of 2nd-level-interconnects for LTCC modules. In: *International*

Microelectronics and Packaging Symposium, proceedings. San Diego, CA, USA, Oktober 2006, S. 1142–1147

[171] Ansys Inc.: *Ansys, Version 8.5.* online: www.ansys.com, 2005

[172] Corrales Hernandez, M.: *Thermomechanical analysis of 2nd-level interconnects for LTCC-based surface mount modules.* Hamburg-Harburg, Techn. Univ. Hamburg-Harburg, Inst. f. Hochfrequenztechnik, Diplomarbeit, Oktober 2005

[173] Hisert, J.: Shock reliability of BGAs using underfill. In: *SMT* (2007), Januar

[174] Baras, T. ; Molke, A. ; Schwarz, A. ; Reppe, G. ; Pohlner, J. ; Quahs, D. ; Schwanke, D. ; Jacob, A. F.: Environmental evaluation of LTCC surface mount technology for satellite applications. In: *German Microwave Conference, Proceedings.* Hamburg, Deutschland, März 2008, S. 458–461

[175] Baras, T. ; Molke, A. ; Schwarz, A. ; Reppe, G. ; Pohlner, J. ; Quahs, D. ; Schwanke, D. ; Jacob, A. F.: Environmental evaluation of LTCC flip-chip and surface mount technology for satellite applications. In: *Frequenz* 62 (2008), Nr. 9-10, S. 222–228

[176] Baras, T. ; Müller, J. ; Jacob, A. F.: K-band LTCC star mixer with broadband IF output network. In: *IEEE Transactions on Microwave Theory and Techniques* 52 (2007), Dezember, Nr. 12, S. 2766–2771

[177] Maas, S. A.: *Microwave mixers, 2. Ausgabe.* Norwood, MA, USA : Artech House, 1992

[178] Unger, H.-G. ; Harth, W.: *Hochfrequenz-Halbleiterelektronik.* Stuttgart : S.Hirzel Verlag, 1972

[179] Faber, M. T. ; Chramiec, J. ; Adamski, M. E.: *Microwave and millimeter-wave diode frequency multipliers.* Norwood, MA, 02062, USA : Artech House Inc., 1995

[180] Baras, T. ; Jacob, A. F.: *K*-band frequency synthesizer with subharmonic signal generation and LTCC frequency tripler. In: *European Microwave Conference, Proceedings.* Amsterdam, Niederlande, Oktober 2008, S. 466–469

[181] Iyama, Y. ; Iida, A. ; Takagi, T. ; Urasaki, S.: Second-harmonic reflector type high-gain FET frequency doubler operating in K-band. In: *IEEE MTT-S International Microwave Symposium Digest* Bd. 3, 1989, S. 1291–1294

[182] Agilent Technologies: *Direct broadcast satellite systems, application note A009.* online: www.semiconductor.agilent.com, 1999

[183] Baras, T. ; Jacob, A. F.: Vertically integrated voltage-controlled oscillator in LTCC at K-band. In: *IEEE MTT-S International Microwave Symposium Digest.* Atlanta, GA, USA, Juni 2008, S. 359–362

[184] Nativ, Z. ; Shur, Y.: Push-push VCO design with CAD tools. In: *Microwave Journal* (1989), S. 127–132

[185] Nyquist, H.: Regeneration theory. In: *Bell Syst. Techn. Journ.* 11 (1932), Nr. 126

[186] Strecker, F.: *Die elektrische Selbsterregung.* Stuttgart : S. Hirzel Verlag, 1948

[187] Jackson, R.W.: Criteria for the onset of oscillation in microwave circuits. In: *IEEE Transactions on Microwave Theory and Techniques* 40 (1992), Mar, Nr. 3, S. 566–569. http://dx.doi.org/10.1109/22.121734. – DOI 10.1109/22.121734. – ISSN 0018–9480

[188] Odyniec, M.: Oscillator stability analysis. In: *Microwave Journal* (1999), S. 66 – 76

[189] Suarez, A. ; Quere, R.: *Stability analysis of nonlinear microwave circuits.* Boston, MA, USA : Artech House, 2003

[190] Cassivi, Y. ; Perregrini, L. ; Wu, K. ; Conciauro, G.: Low-cost and high-Q millimeter-wave resonator using substrate integrated waveguide technique. In: *European Microwave Conference, Proceedings.* Mailand, Italien, Oktober 2002, S. 1–4

[191] Abielmona, S. ; Roy, L.: A low phase noise microwave oscillator with a miniaturized LTCC resonator for SIP design. In: *IEEE MTT-S International Microwave Symposium Digest.* San Francisco, CA, USA, Juni 2006, S. 589 – 592

[192] El-Tager, A. ; Roy, L.: 29 GHz low phase noise oscillator utilizing high-Q LTCC resonator. In: *European Microwave Conference, Proceedings* Bd. 2. Amsterdam, Niederlande, Oktober 2004, S. 533–535

[193] El-Tager, A. ; Roy, L.: Study of cylindrical multilayered ceramic resonators with rectangular air cavity for low-phase noise K/Ka-band oscillators. In: *IEEE Transactions on Microwave Theory and Techniques* 53 (2005), Juni, Nr. 2, S. 2111–2219

[194] Gong, X. ; Smyth, T. ; Ghaneie, E. ; Chappell, W. J.: High-Q resonators and filters inside advanced low-temperature co-fired ceramic substrates using fine-scale periodicity. In: *IEEE Transactions on Microwave Theory and Techniques* 56 (2008), April, Nr. 4, S. 922–930. http://dx.doi.org/10.1109/TMTT.2008.919375. – DOI 10.1109/TMTT.2008.919375. – ISSN 0018–9480

[195] El-Tager, A. ; Bray, J. ; Roy, L.: High-Q LTCC resonators for millimeter wave applications. In: *IEEE MTT-S International Microwave Symposium Digest* Bd. 3. Philadelphia, PA, USA, Juni 2003, S. 2257–2260

[196] Baras, T. ; Jacob, A. F.: Manufacturing reliability of LTCC millimeter wave passive components. In: *IEEE Transactions on Microwave Theory and Techniques* 56 (2008), November, Nr. 11, S. 2574–2581

[197] Baras, T. ; Jacob, A. F.: Temperature drift compensation technique for a hybrid LTCC oscillator at 20 GHz. In: *European Microwave Conference, Proceedings.* Rom, Italien, 2009, zur Veröffentlichung angenommenes Manuskript

[198] *Kapitel* 1. In: Epcos AG: *Application Notes: Applications utilizing the influence of ambient temperature on resistance.* online: http://www.epcos.com/inf/50/db/ntc_02/00290045.pdf, 2005, S. 29–36

[199] Odyniec, M.: *RF and microwave oscillator design.* Boston, MA, USA : Artech House, 2002

[200] BROWNE (HRSG.), J.: SiGe fires single-chip fractional-N synthesizer. In: *Microwaves & RF* (2003), Nr. 12, S. 88–90

[201] BARAS, T. ; JACOB, A. F.: Integrated LTCC synthesizer and signal converter modules at K-band. In: *IEEE Transactions on Microwave Theory and Techniques* 57 (2009), Januar, Nr. 1, S. 71–79

[202] SÖNMEZ, E. ; CHARTIER, S. ; ABELE, P. ; TRASSER, A. ; SCHUMACHER, H.: Sensitivity matched static frequency divider using A 0.8 µm SiGe HBT technology. In: *German Microwave Conference*. Ulm, Deutschland, April 2005, S. 152–155

[203] HARTLEY, R.: *Modulation system*. U.S. Patent 1,666,206, 17. April 1928

[204] COCHRANE, J. ; MARKI, F.: Thin film mixers team up to block out image noise. In: *Microwaves* 16 (1977), März, S. 34–84

[205] WEAVER, D.: A third method of generation and detection of single sidebands. In: *Proc. of the IRE* Bd. 44, 1956, S. 1703–1705

[206] GORWARA, A. K.: Phase and amplitude balance: Key to image rejection mixers. In: *Microwaves* 11 (1972), Oktober, S. 64–76

[207] UTSUROGI, Y. ; HARUOKA, M. ; MATSUOKA, T. ; TANIGUCHI, K.: A dual-band image-reject mixer for GPS with 64dB image rejection. In: *Asia and South Pacific Design Automation Conference, Proceedings*, 2004, S. 541–542

[208] LANGE, J.: Interdigitated stripline quadrature hybrid. In: *IEEE Transactions on Microwave Theory and Techniques* 17 (1969), Dezember, Nr. 12, S. 1150 – 1151

[209] GUNNARSON, S. E. ; KUYLENSTIERNA, D. ; ZIRATH, H.: A 60 GHz MMIC pHEMT image reject mixer with integrated ultra wideband IF hybrid and 30 dB of image rejection ratio. In: *Asia-Pacific Microwave Conference (APMC), Proceedings*, 2005

[210] LEVY, R. ; LIND, L. F.: Synthesis of symmetrical branch-guide directional couplers. In: *IEEE Transactions on Microwave Theory and Techniques* 16 (1968), Februar, Nr. 2, S. 80–89

Lebenslauf

Geburt:	04.05.1977 in Lübeck
Familienstand:	Verheiratet, einen Sohn

Schulbildung

07/1983 - 06/1988	Grundschule Ravensbusch, Stockelsdorf
08/1988 - 07/1994	Gymnasium am Mühlenberg, Bad Schwartau
08/1994 - 06/1997	Ernestinenschule, Städt. Gymnasium zu Lübeck Abschluss: Allgemeine Hochschulreife

Ersatzdienst

08/1997 - 08/1998	Zivildienst bei Vorwerker Heime e.V., Lübeck

Hochschulbildung

10/1998 - 09/2003	Techn. Univ. Carolo Wilhelmina zu Braunschweig, Studium der Elektrotechnik Vertiefung: Hochfrequenztechnik und Optik Abschluss: Diplom-Ingenieur

Beruflicher Werdegang

10/2002 - 09/2003	bei Lucent Technologies - Bell Laboratories, Murray Hill, NJ, USA als Praktikant / Diplomand
10/2003 - 09/2004	am Inst. für Hochfrequenztechnik, Techn. Univ. Carolo Wilhelmina zu Braunschweig als Wissenschaftlicher Mitarbeiter
10/2004 - 12/2008	am Inst. für Hochfrequenztechnik, Techn. Univ. Hamburg-Harburg als Wissenschaftlicher Mitarbeiter
seit 01/2009	bei EADS Deutschland GmbH, Ulm als Entwicklungsingenieur